보이지 않는 것들의 물리학

상상초월
석학강연
02

보이지 않는 것들의 물리학

이순칠 지음 | 정재승 기획

해나무

머리말

하나씩 깨닫는 기쁨을 권한다

이순칠 KAIST(카이스트) 물리학과 교수

"사소한 것에도 궁금증과 호기심을 갖는 건 소인배가 아니다. 거대한 자연의 수수께끼를 푸는 물리학이 시작되는 일이다."

좋은 물리학 책이 그토록 많은데 산림녹화는 못할망정 나까지 나서서 구태여 나무를 베게 할 일은 없다고 평소에 생각해왔다. 뭔가를 남기려 하는 것은 집착이라고 생각해서 어디를 갈 때 사진기도 가져가지 않는 나여서 더욱 그랬다. 아마도 해나무 편집부의 설득과 노고가 아니었다면 이 책은 나오지 않았으리라.

물론 하고 싶은 말이 전혀 없었던 것은 아니다. 내가 보기에, 대부분의 물리 관련 과학 교양도서는 전문가에게나 도움이 되지 일반인들에게는 별 도움이 되지 않을 것이다. 줄기는 어렵다고 생각해서 다 빼고 끝에 붙은 가지만 제시하기 때문이다. 그래서 지엽적 사실만 기억하는 독자들이 나름 오역한 후, 과학의 권위를 빌어 이상한 철학을 제시하는 경우를 종종 보게 된다. 그나마 국내 작가가 쓴 것은 드물고 대부분 외국 책의 번역이어서 더 아쉬웠다. 중고등학교 물리교과서도 그렇다. 깊은 사고를 외면하는 학생들을 붙잡기 위해 원리 설명 없이 사실만 나열된 경우가 많은데, 이렇게 하면 더 재미없어질 뿐 아니라 무엇보다도 이치를 탐구하지 않는다면 그것은 물리도 아니다. 이 책에서는 거꾸로 지엽은 다 빼고 줄거리만 이야기하려고 했다.

현대문학, 현대미술, 현대음악 하면 최근의 문학, 미술, 음악이라는 뜻일 터이니 세월이 지나감에 따라 그에 포함되는 범주가 달라질 것이다. 그런데 현대물리는 그렇지 않고 정의가 비교적 뚜렷하다. 1900년 이후에 나온 상대론과 양자물리가 현대물리에 속하는데, 이들은 신이 인간에게 허락하지 않은 영역을 알아낸 지성의 승리라는 공통적 특징이 있다. 우리는 양자물리는 알지만 이해하지는 못한다. 이것은 마치 흑백밖에 볼 수 없는 동물이 색이 보이는 세상에서는 어떤 일이 일어나는지 아는 것과 같다. 그 동물이 머리가 좋으면 색을 볼 수 있을 때 벌어질 일을 예측할 수 있으나 그래도 죽을 때까지 결코 색이라는 개념을 이해하지는 못할 것이다. 이해할 수가 없으니 물론 듣기에 빽빽하다. 그러나 만일 우리가 다윈의 시대에 살고 있다면, 진화론이 우리의 의식구조로 얼른 이해되지 않는다고 해서 이를 외면하며 모르고 살다 죽고 싶을까? 수많은 물리 천재들이 30년간 토의하며 완성한 학문이 몇 시간의 독서로 이해되지 않는다고 투덜댈 수는 없을 것이다. 천천히 읽고 생각하며 하나씩 깨닫는 기쁨을 즐긴다면 그야말로 진정한 물리학자라 하겠다.

상대론과 양자물리에, 현대물리가 나온 후에도 수정되지 않은, 현대물리 아닌 현대물리인 전자기학을 더해서 강의를 구성했다. 전자기는 우리가 매일 사용하는 전기와 냉장고에 붙이는 자석에만 관여되는 것이 아니고 우리 인생에 가장 중요한 역할을 하는 물리라고 할 수 있다. 화학은 완전히 전자기에 의해 일어나는 현상이다. 생물은 화학작용에 의해 신진대사가 이루어진다. 내가 감동을 받기 전과 후의 차이는 기껏해야 머릿속 세포에서 이온과 전자의 분포가 달라진 정도일 것이다. 그러므로 우리의 감정도 전자기에 의해 조절된다.

고등학교에서 다루지 않는 현대물리를 다루므로 필요에 의해 읽는 사람은 없을 것이고 따라서 부담이 없다는 계산이 있었다. 물리를 전공하지 않아도 물리적 사고를 훈련해 합리적으로 생각하는 일반인이 많아야 세상이 밝아진다고 믿는다. 한편으로는 학교에서 배워도 배워도 이해할 수 없는 전자기학 때문에 고생하는 우리나라 고등학생들이 조금이라도 도움을 받았으면 하는 이율배반적인 바람도 있었다. 학부모, 선생, 공무원, 위정자들이 자신들 원하는 대로 교육정책을 결정할 때, 주인공이면서도 완전히 소외된 불쌍한 우리나라 중고등학생들 말이다.

기획의 말

과학하는 삶으로의 초대

정재승 KAIST(카이스트) 바이오및뇌공학과 교수

"이 시리즈의 취지는 학문의 최전선에 선 최고의 석학들을 모시고, 학생들이 알아야 할 과학의 정수를 맛보게 하는 것입니다."

상상초월 석학강연에 오신 여러분을 진심으로 환영합니다. 이 시리즈는 과학의 최전선에 선 석학들이 이제 갓 세상에 관심을 갖게 된 중고등학생들에게 했던 1년간의 뜨거운 과학 강연을 책으로 묶은 야심작입니다.

요즘은 과학 강연이 서서히 하나의 문화로 자리 잡게 되었지만, 4년 전 이 책을 기획할 때만 해도 '강연을 통한 과학 만나기'는 학생들에게 낯선 경험이었습니다. 특히 학교가 아닌 곳에서 입시와 상관없는 주제로 세계적인 석학들의 강연을 듣는다는 것은 더욱 생경한 경험이었지요. 하지만 그들이 이 강연을 얼마나 즐겼는지 아세요? 그 현장의 감동이 이 시리즈 안에 고스란히 담겨 있습니다.

이 시리즈를 기획하게 된 건 순전히 제 개인적인 경험에서 비롯되었습니다. 저는 고등학교 때 과학자의 강연을 꽤나 많이 찾아다녔습니다. 대학 캠퍼스에서 벌어지는 흥미로운 세미나는 제게 입시에 관한 생각에서 벗어나게 해주는 일종의 탈출구였습니다. 학교에서 배우는 과학은 따분하고 지루했지만, 과학자들이 현재 실험실에서 진행하고 있는 연구, 그리고 그것을 통해 우리가 알게 된 우주와 자연과 생명에 대한 지식은 그 자체로 경이로움이었습니다.

무엇보다, 학교에서 친구들과 함께 들어야 하는 수업이 아니라, 스스로 강연 정보를 알아내 자발적으로 찾아와 듣는 강연의 한복판에 제가 앉아 있다는 사실이 저 스스로를 매우 특별한 사람으로 인식하게 하는 계기가 되었습니다. 저를 과학자로, 아니 세상에 대한 호기심이 가득한 어른으로 성장하게 만든 건, 8할이 과학 강연과 과학 책이었습니다.

그래서 최고의 석학들을 모시고 중고등학교 교실이 다 담아내지 못한 과학의 매력과 학문의 본질을 지금의 청소년들과 나눠보고 싶었습니다.

이 시리즈를 기획하면서 저는 학문의 최전선에 선 과학자들에게 직접 물어보고 싶은 게 있었습니다. “사춘기를 관통하며 자신을 둘러싼 세상과 스스로에 대해 호기심을 갖게 된 학생들에게 가르쳐주어야 할 가장 중요한 과학 개념은 무엇입니까?”, 그리고 “물리학, 화학, 생물학, 수학에서 가장 중요한 단 하나의 개념을 꼽으라면 무엇을 선택하겠습니까?” 하고 말입니다.

이 시리즈는 바로 그 질문에 대한 석학들의 뜨겁고 열정적인 답변서입니다. 이 답장에는 그들이 평생을 거쳐 찾아낸 그 해답과 그것을 추적해온 그들의 학문적인 궤적, 그리고 그것들과 함께 해온 그들의 삶이 그대로 녹아 있습니다.

독자들은 이 시리즈에서 그들을 실험실에서 밤늦게까지 씨름하게 했던 하나의 질문, 책상 앞에서 고뇌하게 만들었던, 그 숙제 같은 자연의 신비가 무엇이었는지 알게 될 겁니다. 그리고 그것의 작은 일부를 겨우 알아냈을 때 그들이 맛보았을 희열도 말입니다.

이 책에서는 보이지는 않지만, ‘우리’와 ‘우주’를 가능하게 하는 강력한 것들의 물리학을 다루고 있습니다. 전기와 자기, 시간과 공간, 원자와 소립자들, 힘과 에너지 등 근원적인 현상을 규명하기 위해 어깨를 겨룬 물리학계의 수많은 거장들의 이야기를 접할 수 있을 뿐 아니라, 혁신적인 패러다임 전환을 통해 우리를 새로운 세계의 문 앞으로 이끌어다 놓습니다. 한 단계 한 단계씩 본질적인 원리를 향해 정면 돌파해가는 이 책은 지금까지와는 전혀 다른 물리학의 진수를 맛보게 할 겁니다. 군더더기 없는 핵심 물리학이 여기 있습니다.

과학은 어렵고 쉽게 이해되지 않지만, 과학자들이 밝혀낸 우주와 자연과 생명과 의식, 그리고 숫자는 그 자체로 경이로움이며 우리 모두가 만끽할 수 있는 즐거움입니다. 사춘기 시절 그 경이로움을 공유하는 것은 '평생 자연에 대해 호기심을 갖는 열정적인 어른', '늘 배움에 열려 있는 성숙한 어른'으로 성장하는 데 가장 중요한 경험이 될 것입니다. 여러분의 과학하는 삶이 이 책에서 비로소 출발했으면 합니다.

이 기획에 흔쾌히 참여해 귀중한 시간을 내주신 교수님들과 책이 나오기까지 애쓴 해나무 편집부에 진심으로 감사의 말씀을 올립니다.

차례

/

이순칠

카이스트 물리학과

전자기
: 전하가 움직이면 복잡해진다 **1부**

2부 **상대론** : 우리가 만약 빛의 속도로 달린다면?

양자역학 : 빛과 물질의 이중성 **3부**

4부 **물리학자와 함께하는 상상초월 토크 콘서트**

전자기는 어려운가? 그렇다. 현상도 매우 특이하다. 고등학교에서는 숲보다는 나무 몇 개를 가르치기 때문에 더욱 어렵게 여겨진다. 어려운데 굳이 배워야 할까? 물론이다! 전자기력은 네 가지 기본 힘 가운데 우리 인생에 가장 중요한 힘이자, 화학과 생물의 근본 작동 원리이다. 이를 이해하기 위해서는 '장' 개념을 익힐 필요가 있다. 더불어 맥스웰의 네 가지 법칙의 물리적 의미와 상호연관성을 쉽게 설명해보기로 하겠다.

1부

전자기

전하가 움직이면 복잡해진다

알베르트 아인슈타인Albert Einstein, 1879~1955이 자신의 연구실에 사진을 걸어놓은 세 명의 물리학자는 누굴까요? 바로 아이작 뉴턴Isaac Newton, 1642~1727, 제임스 맥스웰James Maxwell, 1831~1879, 닐스 보어Niels Bohr, 1885~1962입니다. 실제로 많은 물리학자들은 물리학계의 가장 위대한 학자로 아인슈타인과 이 세 사람을 꼽곤 합니다. 가장 먼저 뉴턴은 $F = ma$라는 식을 바탕으로 뉴턴 역학을 완성했고, 그다음 맥스웰은 쿨롱, 앙페르, 패러데이 등 선대 학자들이 발견한 법칙들을 수학적으로 체계화하고 통합하여 전자기학을 완성했습니다. 1905년에 특수상대성이론을 발표한 아인슈타인은 1915년에 일반상대성이론을 발표해 상대론이라는 물리학의 한 패러다임을 확립했습니다. '양자역학의 아버지'라 불리는 보어는 1912년 러더퍼드의 원자 모형에 양자 가설을 접목해 러더퍼드–보어 원자 모형을 확립했습니다. 이것은 양자역학이 첫 걸음을 뗀 역사적 사건이었습니다. 물리학사에서 가장 핵심적인 사건은 역학, 전자기학, 상대론, 양자역학의 발견입니다. 역학은 중고등학교에서 많이 배우는 부분이므로, 여기서는 상대적으로 미흡하게 다뤄지는 전자기학과 상대론, 양자역학에 집중해볼 계획입니다.

대다수의 사람들은 전자기학을 어렵다고 생각합니다. 아마도 전자기학은 역학에 비해 복잡하기 때문에 어렵게 느끼는 것 같습니다. 공식만 해도 역학은 $F = ma$라는 식 한 개로 거의 다 해결되지만, 전자기학에서는 전자기 현상을 설명하는 데 최소 4~5개의 식이 필요합니다. 게다가 그 식들은 전부 미분 벡터식입니다. 벡터는 세 가지 방향이 있으므로 전자기학에서 필요한 식은 12~15개나 되는 셈입니다. 이런 식 하나하나에 초점을 맞춰 단편적으로 공부하다 보면 전자기학이 복잡하고 어렵게 느껴질 수밖에 없습니다. 개개의 나무를 보기 이전에 숲을 먼저 보는 태도로 전자기학에 접근해서 그것의 큰 그림을 그려볼 필요

ⓒ윤성호

가 있습니다. 그래야 왜 이런 식들이 나왔고, 각각의 식들이 서로 어떻게 연결되는지를 이해할 수 있습니다. 지금부터 우리가 보고자 하는 것은 전자기학의 숲입니다.

특이하고 복잡한 전자기 현상

전자기 현상은 매우 특이하면서도 복잡하게 나타납니다. 전자기학을 배울 때 처음엔 앙페르의 오른나사 법칙, 플레밍의 오른손 · 왼손 법칙 등을 접하게 됩니다. 전자기는 기본적으로 방향성이 있기 때문에 이런 법칙들이 생겨났습니다.

예를 들어 아래의 오른쪽 그림처럼 전류의 방향을 오른손 엄지손가락의 방향으로 잡고 다른 손가락으로 도선을 감싸 쥔다고 생각하면, 그 도선을 감싸 쥐는 방향으로 자기장이 생깁니

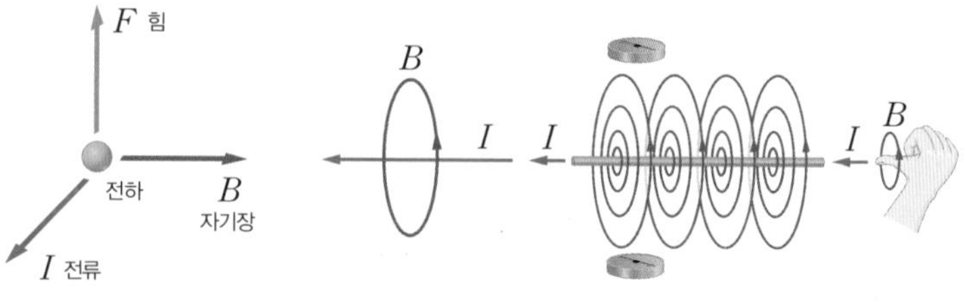

플레밍의 왼손 법칙(왼쪽)과 앙페르의 오른나사 법칙(오른쪽).

다. 이번엔 왼손의 세 손가락을 앞의 왼쪽 그림과 같이 서로 수직이 되도록 펼치고서는, 중심에 전하가 놓여 있다고 생각해봅시다. 집게손가락의 방향으로 자기장이 걸려 있을 때, 전하가 가운뎃손가락의 방향으로 움직이면 도선이 받는 힘의 방향은 자기장과 전하의 흐름 모두에 수직이 되는 엄지손가락의 방향이 됩니다. 이것이 얼마나 특이한 현상인지는 다음과 같은 사고실험을 해보면 알 수 있습니다.

> 나는 등산을 하다가 커다란 바위 하나를 발견한다. 그런데 이 바위의 주성분이 자철석이어서 바위는 마치 자석과도 같다(실제로 옛날에 우연히 자철석으로 이루어진 바위를 발견한 계기로 자석을 발견할 수 있었다). 자석 같은 바위 주위에 자기장이 형성된다. 나는 배낭을 메고 있는데, 배낭에는 전하를 띤 물체가 들어 있다. 내가 가만히 서 있을 때는 아무런 힘을 받지 않는다. 하지만 바위 주위에 형성된 자기장 방향의 수직 방향으로 지나가면 힘을 받는다. 위에서 누르는 힘이나 위로 미는 힘을 받는 것이다. 빠른 속도로 지나간다면 몸이 붕 뜰 수도 있다.

우리가 사는 거시 세계에서는 직접 경험해볼 수 없지만 상상만으로도 참 신기한 일입니다. 자기장이 형성된 바위 근처를 수직으로 천천히 지나갈 때는 힘을 거의 느끼지 못하다가 빨리 지나갈 때는 굉장히 센 힘을 느낀다면 놀이기구를 타는 것만큼이나 짜릿할 것입니다. 이런 일이 미시 세계에서는 일어납니다. 이처럼 미시 세계에서 복잡하게 일어나는 전자기 현상을 거시 세계에 사는 우리가 이해하는 것은 어려운 일입니다. 그럼에도 불구하고 우리가 전자기학을 배우는 이유는 전자기력이 우리 인생에 중요한 힘이기 때문입니다.

이 세상에는 네 가지 힘이 존재합니다. 바로 중력, 전자기력, 강력(핵력), 약력입니다. 이 외에도 마찰력, 부력, 장력, 반데르발스힘 등 더 많은 힘이 존재하지 않느냐고 반문하는 사람이 있을 것입니다. 하지만 그 밖의 힘들은 중력, 전자기력, 강력, 약력의 작용으로 나타나는 현상을 지칭한 것에 불과합니다.

네 가지 기본 힘 가운데 강력은 아주 짧은 거리에서 작용하는 매우 강력한 힘으로, 원자의 핵 안에서 쿼크들 사이나 중성자와 양성자 사이에 작용하는 힘입니다. 강력은 핵분열에너지를 이용하여 전기에너지를 생산하는 원자력 발전소나 짧은 시간 동안 핵분열 연쇄 반응을 일으켜 한순간에 막대한 에너지를 방출하는 원자 폭탄과 관계되는 힘입니다. 약력은 네 가지 힘 가운데 두 번째로 약한 힘으로, 중성자가 양성자로 바뀔 때 또는 파이온(위 쿼크와 아래 쿼크가 섞여 만들어진 중간자로 핵자 사이의 강한 핵

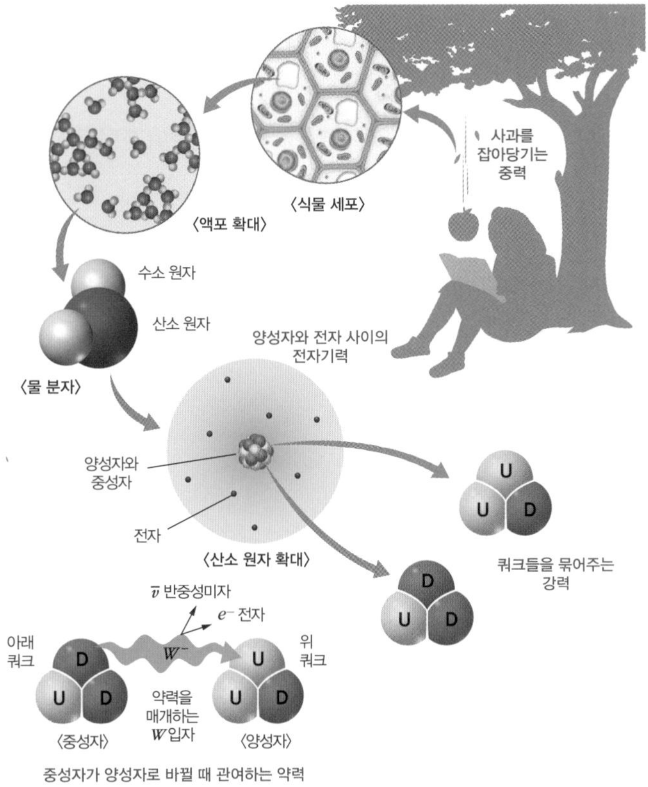

네 가지 기본 힘으로는 중력, 전자기력, 강력(핵력), 약력이 있다.

력을 매개하는 중간자)이 뮤온(파이온 등이 붕괴할 때 생기지만, 200만 분의 1초 만에 전자와 중성자로 갈라지는 불안정한 소립자)으로 붕괴될 때 관여하는 힘입니다. 약력은 굉장히 미약해서 평생 느껴볼 기회가 거의 없습니다. 강력 역시 제3차 세계대전이 일어나기 전까지는 일반인이 직접적으로 느껴볼 일이 없을 것입니다.

우리의 일상과 가장 밀접한 힘은 중력과 전자기력입니다. 이 중에서도 일상에서 가장 많이 느끼는 힘은 무엇일까요? 이 질문의 답은 당연히 중력일 것 같지만 우리가 살아가면서 중력을 느끼는 때는 무게를 느끼는 경우밖에 없습니다. 나머지 일상에서 일어나는 많은 현상은 전자기력에 의해 결정됩니다. 물질은 고체, 액체, 기체 상태 가운데 왜 어느 한 가지 상태로 존재하는지, 같은 고체 상태의 물질이더라도 왜 어떤 것은 단단하고 어떤 것은 무른지, 왜 투명한 물질이 있는 반면 불투명한 물질이 있는지, 왜 전기가 잘 통하는 물질이 있는가 하면 전기가 안 통하는 물질이 있는지, 왜 하늘은 파랗고 저녁노을은 붉은지 등 이 모든 것이 전자기력에 의해서 결정됩니다. 또 다양한 반응을 연구하는 화학의 주제는 한마디로 전자기력이라고 할 수 있습니다. 물질들의 화학 반응이나 상전이 등은 전부 전자기력으로 설명됩니다. 화학의 기본인 전자기력은 생물학을 떠받치는 힘이기도 합니다. 왜냐하면 다양한 생명 현상은 화학 반응으로 일어나므로 생물학 역시 전자기력과 밀접한 관계에 있기 때문입니다. 단세포 생물인 박테리아가 화학적 농도 차이를 감지하고 그 신호를 받아 반사적으로 섬모를 움직여 먹이가 있는 곳으로 이동하는 현상조차 완전히 화학 반응입니다. 또 사랑에 빠지는 감정 역시 전자기력에 의해 조절됩니다. 어떤 남학생이 미모의 여학생

을 보고서 첫눈에 반하는 일이 일어났다고 가정해봅시다. 그 남학생은 그날부터 잠도 제대로 못 자고, 책을 봐도 여학생 얼굴이 아른거리고, 밥을 먹을 때도 여학생 생각만 날 것입니다. 그 남학생에게 도대체 무슨 일이 일어난 것일까요? 그 남학생의 몸을 이루는 소립자들 간의 강력이 달라졌다거나 여학생에 대한 걷잡을 수 없는 생각만큼 뇌가 무거워져 중력이 달라졌다거나 하는 일은 일어날 리 만무합니다. 어떤 대단한 물리적 변화가 일어난 게 아닙니다. 기껏 호르몬 분비가 변화했거나 신경세포 전달물질의 전자 이동이 변화해서 전자기력이 약간 달라졌을 뿐입니다. 사랑을 느끼는 감정뿐만 아니라 슬픔, 분노, 흥분 등의 감정 조절에는 전자기력이 관여합니다. 이처럼 다양한 생명 현상은 전자기력을 바탕으로 한 화학 반응에 근간을 둡니다. 이와 같이 전자기력을 다루는 학문인 전자기학은 삶과 매우 밀접하며, 우리 인생에 굉장히 중요한 것은 이 때문입니다.

전자기력은 힘이 세다

모든 힘에는 원인과 결과가 있습니다. 뉴턴의 두 번째 운동 법칙이자 가속도의 법칙으로 불리는 공식 $F = ma$라는 식을 봅시다. Fforce는 힘이고, $m$mass은 질량이며, $a$acceleration는 가속도입니다. 이 식을 $a=\frac{F}{m}$로 바꿔보면, 이 식이 지닌 의미가 더 분명해집니다. 질량을 가진 물체에 힘을 가하면, 질량을 가진 물체가 얼마나 가속되어 움직이는지를 보여주는 식입니다. 즉, 이 식은 물체에 힘이 작용하면 그 결과로 물체가 어떻게 움직일지를 알려줍니다. 또 이 식은 가속도가 질량에 반비례하고, 힘에 비례한다는 사실도 알려줍니다. 힘과 운동의 관계를 따지는 역학의 모든 식은 이 식을 기본으로 합니다. 에너지 보존이나 운동량 보존 등은 궁극적으로 뉴턴 법칙과 동등한 것입니다.

뉴턴이 위대한 점은, 이처럼 간단한 공식 하나로 역학의 기본 원리를 정립했다는 것과 힘의 형태 가운데 중력을 발견했다는 것입니다. 뉴턴은 중력의 작용으로 지구 바깥에서 일어나는 행성들의 움직임까지 포괄하여 설명할 수 있는 다음과 같은 식을 고안했습니다.

$$F = G\frac{m_1 m_2}{r^2}$$

뉴턴의 위대한 업적 중 하나는, 사과를 땅으로 떨어지게 하는 힘과 달이 지구 주위를 돌게 하고 행성이 태양 주위를 돌게 하는 힘이 같다는 것을 증명해낸 것이다.

우리는 앞의 두 식으로부터 중력의 원인과 결과를 알 수 있습니다. 즉, 질량이 있으면 그 결과로 중력이 생기고, 중력이 있을 때 질량을 가진 물체가 어떻게 가속되어 움직일지를 알 수 있습니다. 바로 앞에 나온 중력식formula of universal gravitation에서 질량 대신에 '전하'라는 양을 넣으면 두 전하 사이에 상호작용하는 힘, 전기력을 구하는 식이 나옵니다. 여기서 전기력은 양전하(+전하)와 음전하(−전하) 사이에서는 끌어당기는 방향으로, 양전하와 양전하 사이나 음전하와 음전하 사이는 밀어내는 방향으로 작용하는 힘입니다.

샤를 쿨롱Charles Coulomb, 1736~1806이라는 물리학자는 전하가 원인이 되어 생기는 전기력은 두 전하의 곱에 비례하고, 거리의 제곱에 반비례한다는 것을 발견했습니다. 이를 쿨롱의 법칙이라고 합니다. 그런데 쿨롱의 법칙으로 모든 전기 현상을 설명하기엔 충분하지 않습니다. 이 법칙은 전하들이 서 있을 때에만 성립

$$F = k\frac{q_1 q_2}{r^2}$$

쿨롱의 법칙으로 전기력을 구할 수 있는데, 이 공식은 중력을 구하는 공식과 같은 꼴이다.

하고, 전하들이 움직일 때에는 성립하지 않습니다. 전하들이 움직이면 전기 현상은 복잡해지고, 이를 설명하기 위해서는 다른 식이 필요합니다.

그런가 하면 자기력은 전기력의 상대론 효과로 나타나는 힘입니다. 우리가 일생에 상대론 효과를 느껴볼 기회는 거의 없습니다. 왜냐하면 상대론 효과는 물체의 움직이는 속도가 빛의 속도(3.0×10^8m/s)에 상당히 근접했을 때 가시적으로 나타나는데, 주변의 물체가 빛의 속도로 움직인다는 것은 일어날 확률이 희박하기 때문입니다. 그런데 예외적으로 실생활에서 상대론 효과를 느낄 수 있는 유일한 경우가 있습니다. 바로 자기력입니다. 전기력은 굉장히 세기 때문에 상대론 효과가 조금만 들어가도 전기력의 변화를 느낄 수 있습니다. 그 변화하는 정도가 자기력입니다. 전기력이 얼마만큼 센지, 중력과 비교하여 생각해봅시다. 각각 70kg, 50kg인 남녀가 1m 떨어져 있을 때 두 사람 사이의 중력은 약 1억 분의 1N(10^{-8}N)밖에 안 됩니다. 따라서 두 사람이 서로에게 끌리는 일은 물리학에서는 기대하기 어려울 것입니다. 만약 똑같은 질량의 양전하와 음전하가 있다면, 두 전하 사이의 전기력은 10^{36}N 정도가 될 것입니다. 이것은 중력에 비해 10^{44}배나 센 힘입니다. 두 남녀가 각각 양전하와 음전하로만 이루어졌다면 중력을 사용해서 매력을 발산할 때보다 10^{44}

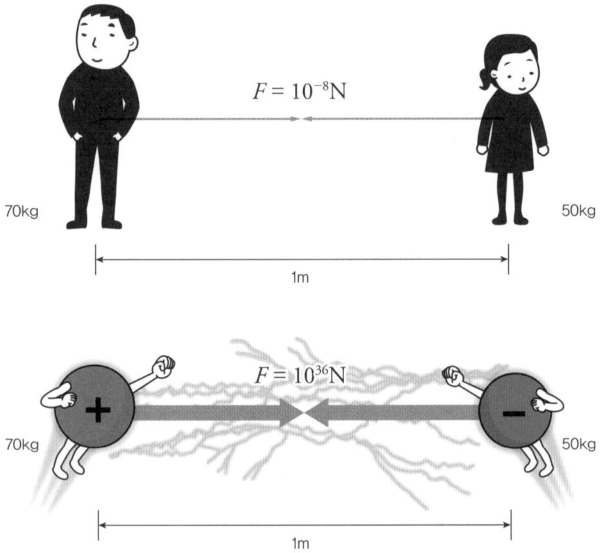

전기력은 중력에 비해 훨씬 힘이 세다.

배나 강한 매력이 발산될 수 있습니다. 그리고 둘 사이에 강한 스파크가 일어나는 일이 발생할 것입니다. 이 예만 봐도 중력은 전기력에 비해 대단히 약하다는 것을 알 수 있습니다. 중력의 상대론 효과는 우주 정도의 스케일에서나 느낄 수 있지만, 전기력의 상대론 효과는 건전지를 갖고도 얼마든지 느낄 수 있습니다.

이 세상에 존재하는 네 가지 힘을 센 것부터 순서대로 나열하면, 강력, 전자기력, 약력, 중력이 됩니다. 물리학자들은 자연계에 존재하는 네 종류의 힘을 발견했고, 각 힘의 특성과 규칙을 이용하여 자연의 이치를 설명하고 예측하고자 합니다. 이런 물리학자들의 작업은 마치 신선들이 두는 바둑을 보면서 그 게임의 규칙을 알아내려고 애쓰고, 다음 수를 예측하는 모습을 연상하게 합니다.

세상을 움직이는 네 가지 기본 힘 가운데 중력 정도만 알고 있던 과학자들이 처음 전자기 현상을 발견했을 때 아마도 무척 당황했을 것입니다. 전자기 현상은 중력보다 훨씬 큰 힘으로 작용하고, 그 힘은 중력처럼 서로 당길 뿐만 아니라 서로 밀쳐내기도 합니다. 물리학자들은 이런 전자기 현상을 유심히 관찰하고선 다음과 같이 생각했을 것입니다. '전자기 현상의 원인이 되는 물리적인 양(전하)은 두 종류가 있어서, 이들이 서로 같은 종류일 때는 밀어내고 서로 다른 종류일 때는 당긴다.' 물리학자들은 이렇게 추리하는 것이 합리적이라고 판단했습니다. 눈에 보이지 않는 추상적 개념(전하)을 도입하여 현상을 설명했으나 이 추리는 논리적으로 맞습니다. 전하는 우리 눈에 보이지는 않지만, 우리는 전하의 존재를 믿습니다. 전하가 존재함으로써 전구에 불이 들어오거나 전자 제품이 작동하는 등 주변에서 경험하는 모든 전기적 현상을 잘 설명할 수 있기 때문입니다. 그래서 오늘날 우리는 양전하, 음전하의 존재를 진리로 당연하게 받아들이고 있습니다.

이제 ±전하의 존재로 생겨나는 전자기 현상의 본질을 깊숙이 들여다봅시다. 전하들이 서 있을 때는 전기력이나 전자기 현상이 쿨롱의 법칙으로 간단히 설명되지만, 전하들이 움직일 때는 전자기 현상이 매우 복잡해집니다. 물리학자들은 이 복잡한 것을 체계적으로 설명하기 위해 '장'이라는 개념을 도입하고, 전기력뿐 아니라 자기력도 탐구합니다. '장'의 개념부터 들여다보겠습니다.

힘이 미치는 공간, 장

지면을 딛고 걸을 때의 마찰력, 야구 선수가 공을 던질 때 공에 가하는 외력 등 일상에서 접하는 대부분의 힘은 물체와 직접 접촉하면서 작용합니다. 하지만 중력이나 전자기력은 물체에 접촉하지 않고 원거리에 있더라도 작용합니다. 달은 지구에서 멀리 떨어져 있지만 달과 지구 사이의 중력 때문에 달은 지구에서 영원히 벗어나지 못합니다. 물체에 직접 닿지 않아도 작용하는 이러한 힘은 빛의 속도로 전달됩니다. 예컨대 하나의 전하가 놓여 있을 때는 아무런 힘이 작용하지 않지만, 30만km 떨어진 곳에 다른 전하를 놓으면 1초 후에 두 전하 사이에 힘이 작용

하기 시작합니다. 즉, 처음에는 가만히 있다가 1초 후에 두 전하가 서로 상대방을 인식하고선 밀거나

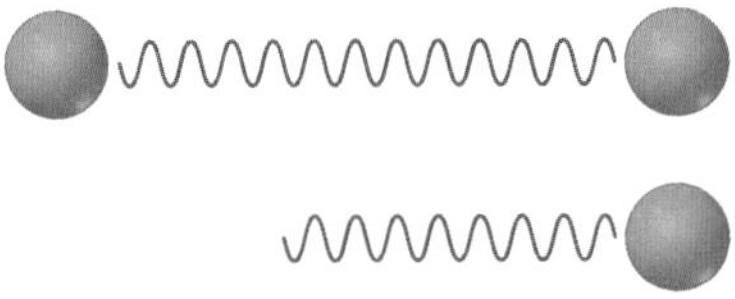

당기는 일이 벌어집니다. 그러다가 전하 하나를 없애면, 나머지 다른 전하는 상대 전하가 없어졌다는 걸 1초 후에 알게 됩니다. 이것은 상대 전하가 없어지더라도 그 전하가 공간에 형성해놓은 세력을 다른 전하가 (1초 동안) 느끼는 것으로 생각할 수 있습니다. 이게 바로 '장場, field'이라는 개념입니다. 어떤 전하가 있을 때, 그 전하는 자신의 전기장을 온 우주에 빛의 속도로 쫙 펼칩니다. 즉, 전하 주위에 다른 전하를 놓으면 이들 전하들 사이에 전기력이 작용하는데, 이렇게 전기력이 작용하는 공간을 전기장이라고 하는 것입니다. 마찬가지로 어떤 질량이 있을 때, 그 질량은 자신의 중력장을 온 우주에 빛의 속도로 쫙 펼칩니다.

장 속에서 질량과 전하는 힘을 받습니다. 힘을 받는다는 것은 어떤 에너지를 느낀다는 의미입니다. 장이 형성된 공간 속에서 질량이나 전하가 느끼는 에너지는 위치마다 다릅니다. 이 에너지를 퍼텐셜에너지potential energy라고 합니다. 예컨대 공을 바닥에 튕기는 경우를 생각해봅시다. 어느 높이에서 공을 떨어뜨리면 공이 지구 중심 방향으로 힘을 받아 아래로 떨어져 바닥에 충

돌하고선 위로 튀어 오릅니다. 달리 표현하면 '공의 퍼텐셜에너지가 가장 높았다가 낮아졌다가 다시 높아졌다'라고 할 수 있습니다. 공의 퍼텐셜에너지 변화로부터 공이 움직이는 공간은 중력이라는 힘이 작용하는 에너지로 가득 차 있는 중력장임을 알 수 있습니다. 즉, 아무것도 없는 것처럼 보이는 공간空間, space이 실제로 장場으로 가득 차 있는 셈입니다. 따라서 공空은 무無와 다릅니다. 우주 공간에는 장을 형성할 수 있는 입자들이 많기에 중력장, 전기장, 자기장이 사방팔방 퍼져 있습니다. 바로 여기에서 우리 자신이 만드는 중력장, 전자기장도 우주로 퍼져나가고 있습니다.

이러한 장 개념을 도입하면 추상적인 물리량인 전하들의 움직임을 쉽게 이해할 수 있습니다. 전하들이 움직일 때 두 전하 사이에 작용하는 전기력과 전자기 현상은 매우 복잡해지지만, 장 개념을 도입해 전하 하나씩의 상황으로 분리해서 생각해볼 수 있습니다.

우선 한 전하가 움직이면서 전기장과 자기장을 만들어내는 상황과 만들어진 장 속에서 다른 전하가 어떻게 힘을 받는지의 상황으로 구분해봅시다. 이렇게 상황을 분리하면 문제가 단순해집니다. 장 속에서 전하가 받는 힘은 전기장과 같은 방향으로 전기장에 비례하는 힘(qE)과 전하의 움직임으로 발생하는 자

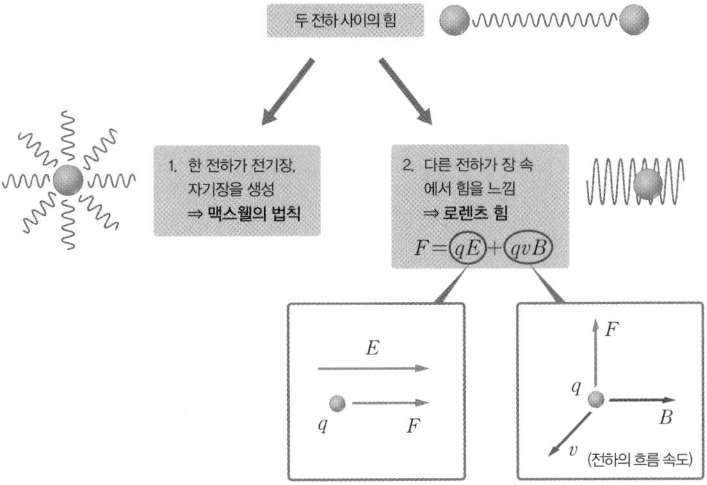

두 전하 사이의 힘을 한 전하가 움직이면서 전기장과 자기장을 만들어내는 상황과 만들어진 장 속에서 다른 전하가 어떻게 힘을 받는지의 상황으로 분리해서 생각해보면 문제가 단순해진다.

기장의 수직 방향의 힘(qvB)의 합입니다. 만약 전하가 가만히 서 있다면 자기장의 힘을 전혀 받지 않을 것입니다. 전하가 자기장의 수직 방향으로 움직일 때 최대 자기장의 힘을 받습니다. 이렇게 전자기장 속에서 전하가 받는 힘을 로렌츠 힘이라고 합니다. 즉, 전하들이 가만히 서 있을 때 두 전하 사이의 작용하는 힘은 쿨롱의 힘이고, 전하의 움직임으로 만들어진 전자기장 속에서 다른 전하가 받는 힘은 로렌츠 힘이 되는 것입니다.

장 속에서 전하가 받는 힘을 구하는 것은 쉽지만, 전하가 어떻게 전자기장을 만들어내는지를 이해하는 데에는 약간의 노력이 필요합니다. 전자기장과 관련된 법칙은 맥스웰의 법칙입니다. 맥스웰의 법칙은 네 개의 방정식으로 이루어졌습니다. 이 네 개의 방정식을 따로따로 배우면 내용이 연결되지 않아 어렵게 느껴질 수 있는데, 전체적인 맥락에서 살펴보면 왜 맥스웰의 법칙이 네 개의 방정식들로 완성되었는지 좀 더 쉽게 이해할 수 있을 것입니다.

지금부터 맥스웰의 법칙을 통해 움직이는 전하가 전기장과 자기장을 어떻게 만들어내는지를 알아보겠습니다. 예를 들어 도선에 전류가 흐를 때 자기장이 얼마나 만들어지는지, 솔레노이드(도선을 원통형으로 감아놓은 것으로, 전류를 흘리면 전자석이 됨)에 자기장이 얼마나 생기는지, 자기장의 크기뿐 아니라 자기장의 방향과 분포는 어떻게 되는지를 알아봅시다. 이렇게 전자기장의 형성에 대해 알게 되면 장 속에 어떤 전하가 놓였을 때 이 전하가 어떻게 힘을 받을지를 알 수 있습니다. 우리가 최종적으로 알고자 하는 것은 움직이는 두 전하 사이에서 힘이 어떻게 작용하는가입니다.

전자기장이 형성되면 주변 공간으로 퍼져나갑니다. 이 전자기장의 파동이 전자기파입니다. 전자기파 가운데 핸드폰 같은 통신에 사용되는 마이크로파도 있고, 우리 눈으로 볼 수 있는 가시광선이나 X-선 촬영에 이용되는 X-선 등이 있습니다. 전자기파는 파장 길이에 따라 장파, 중파, 단파로 나눌 수 있습니다. 전자기장이 어떻게 형성되는지를 이해하고자 한다면 복잡한 미분 방정식을 감수할 수밖에 없습니다.

전기력선과 자기력선

가난한 가정환경 탓에 초등학교까지밖에 다니지 못했지만, 전자기 유도 법칙을 발견한 마이클 패러데이.

1845년 마이클 패러데이Michael Faraday, 1791~1867는 장의 크기와 방향을 표시하기 위해 선線이라는 개념을 도입했습니다. 사실 패러데이는 초등학교까지밖에 다니지 못해서 수학을 잘 몰랐습니다. 그래서 그는 자신의 실험 결과를 수식으로 표현하기보다 그림으로 설명하는 것을 좋아했습니다. 그는 전하를 점으로 표시하고, 전하들이 원거리에서 작용하는 힘을 곡선으로 그려서 시각화했는데, 이것이 바로 전기력선입니다. 어떤 전하가 놓인 공간에는 그 전하에 의해 전기장이 형성되는데, 여러 점에서의 전기장을 방향성 있게 연속적으로 이으면 전기력선이 됩니다. 즉, 전기력선은 전기장의 방향을 나타내며, 전기력선 위의 한 점에서의 접선의 방향은 그

점에서의 전기장 방향을 가리킵니다. 보통 양전하에 의해 형성되는 전기력은 밖으로 쭉 뻗어나가는 방향으로, 음전하에 의해 형성되는 전기력은 안으로 들어오는 방향으로 화살표선을 그립니다. 왜냐하면 전기력선은 전기장 내에서 양전하가 받는 힘의 방향으로, 양전하를 이동시키면서 그리기 때문입니다. 따라서 화살표는 양전하가 받는 힘의 방향을 나타내며, 양전하와 음전하가 가까이 있을 때 전기력선은 양전하에서 나와 음전하로 들어가는 형태로 그려집니다. 또 전기력선의 수는 전기장의 크기에 비례하도록 나타냅니다. 따라서 전기력선들이 촘촘하게 그려질수록 전기장이 세다는 것을 알 수 있습니다.

전기력선과 마찬가지로 자기력의 크기와 방향을 나타내는

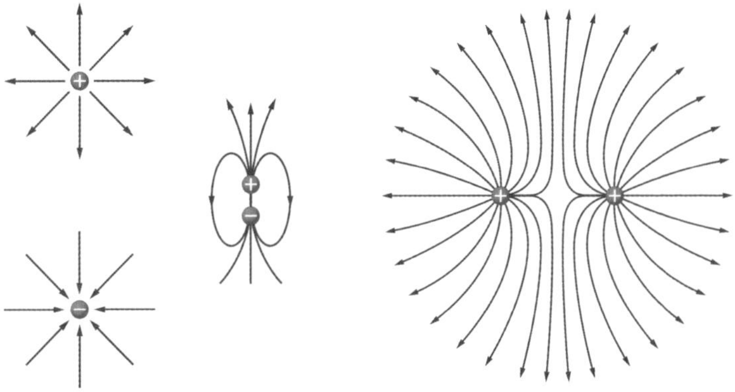

전기장 안의 양전하에 작용하는 전기력의 방향을 연속적으로 이으면 전기력선이 된다. 따라서 전기력선의 방향은 양전하가 받는 전기력의 방향이 되며, 전기력선은 양전하에서 나와 음전하로 들어가는 형태로 그려진다. 전기력선들이 촘촘하게 많이 그려질수록 전기장이 세다는 것을 의미한다.

자기력선을 그릴 수 있습니다. 자기력선은 자기장 안에서 나침반 자침의 N극이 가리키는 방향을 연속적으로 이은 선을 말합니다. 자석에는 N극과 S극이 있고, 자기장은 N극에서 나가서 S극으로 들어가는 방향으로 형성됩니다. 코일에 전류를 흘려도 똑같은 모양의 자기력선이 만들어집니다. 또 S극과 S극, N극과 S극이 만나면 다음 그림처럼 자기력선이 생성됩니다.

그런데 자기력은 전기력의 상대론 효과로 나타나는 힘이므로 자기력이 미치는 공간인 자기장이 형성되기 위해서는 기본적으로 전하의 움직임이 있어야 할 것입니다. 그런데 자석만 놓아두어도 자기장이 형성됩니다. 이것은 어떻게 설명할 수 있을까요? 자석 안에 전하를 띤 전자가 계속 돌고 있는 것일까요? 자석의 원리를 알기 위해서 '스핀spin'이라는 새로운 개념이 필요합니다. 보통 스핀은 물체가 회전축을 중심으로 자전하는 것을

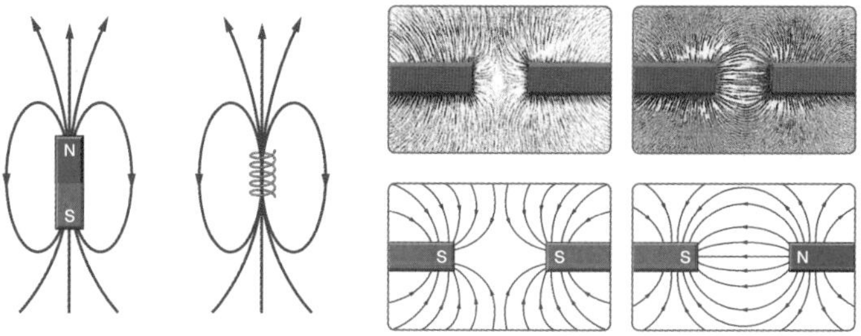

자기력선은 철가루를 이용해 실험해보면 가시적으로 드러난다. 자기력은 늘 N극에서 나가서 S극으로 들어가는 방향으로 작용한다.

말합니다. 전하를 가진 물체는 공간에서 이동함으로써 자기장을 만들 수도 있지만 스스로 자전해서 자기장을 만들 수도 있습니다. 예를 들어 표면에 전하가 잔뜩 묻은 원통이 자전하는 경우를 생각해봅시다. 이는 솔레노이드에 전류가 흐르는 것과 마찬가지의 상황이므로 자기장이 생기는 것이 이상하지 않습니다. 이제 볼링공 같은 것이 내부에 균일하게 전하를 띠고 있다면 이 볼링공이 회전할 때도 자기장을 만들 것이라고 예상할 수 있습니다. 물리학자들이 발견한 바에 따르면 전하는 제자리에 있어도 주변에 자기장이 형성됩니다. 이것은 마치 전자가 자전하는 상태인 것처럼 생각할 수 있으며 그래서 스핀이라고 이름 붙은 것입니다. 다시 말하면, 자석 안에 있는 전자들이 자전하여 자석 주위에 자기장이 형성된다고 볼 수 있습니다.

철가루 알갱이 하나하나도 자석이 될 수 있습니다. 즉, 철가루 속에 조그만 자석들이 가득 들어 있는데, 평상시에는 무작위한 방향으로 배열되어 있다가, 자기장 내에 철가루를 놓으면 철가루 속의 조그만 자석들이 방향성을 갖고 정렬하여 서로 붙게 됩니다. 따라서 철가루를 조그만 자석으로 생각해도 무방합니다.

선속 또는 선다발이라고 하는 가상의 개념은 맥스웰의 법칙을 이해하는 데 핵심적인 요소입니다. 쉽게 말해 선속은 전기장이나 자기장에 수직인 단위 면적을 지나는 전기력선이나 자기

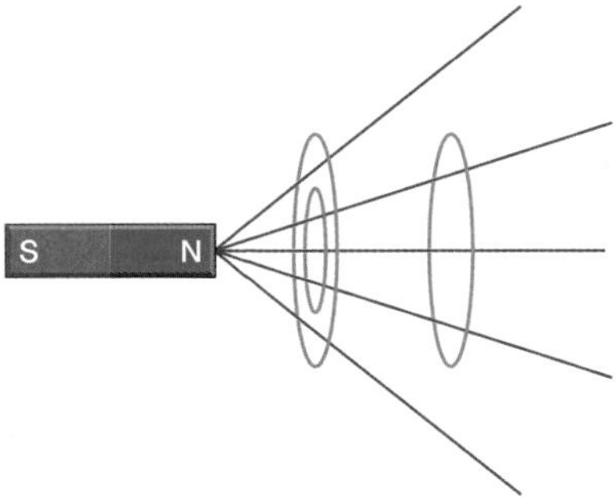

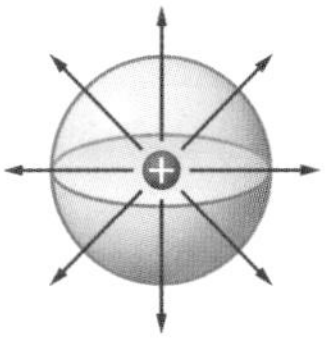

열린 곡면(경계선 있음)에서의 자기선속(왼쪽)과 닫힌 곡면(경계선 없음)에서의 전기선속(오른쪽).

력선의 수라고 할 수 있습니다. 전기력선 다발은 전기선속, 자기력선 다발은 자기선속을 의미합니다. 예를 들어 주변에서 쉽게 찾을 수 있는 광원光源인 전구를 생각해봅시다. 전구에서 가까울수록 밝아지고, 전구에서 멀어질수록 어두워집니다. 하지만 전구에서 나오는 빛의 양은 거리에 상관없이 일정합니다. 즉, 전구에서 가까운 곳은 빛이 닿는 면적이 작고, 전구에서 먼 곳은 빛이 닿는 면적이 크므로 각각의 면적에서의 빛의 세기와 면적의 곱은 어디에서나 일정합니다. 이게 바로 선속의 개념입니다. 선속은 장이 형성된 공간에서 임의의 면을 통과하는 선의 수에 비례하며, 장의 세기(크기)에다가 면적을 곱하여 구합니다. 따라서 선속은 장이 셀수록 그리고 면적이 클수록 커집니다. 전구의 예와 같이 선속을 닫힌 곡면(폐곡면)에서 생각할 수도 있지만 열린 곡면에서도 생각할 수 있습니다. 어떤 양전하를 중심으로 둥

그런 구형의 닫힌 곡면을 가상적으로 생각해보면, 양전하에서 나오는 총 전기력선의 수는 구형의 면적에다가 그 면에서의 전기장의 세기를 곱하여 구할 수 있습니다. 열린 곡면에서 선속을 생각할 때는 경계선을 그려서 고리 형태의 면적을 만들고, 고리 안을 통과하는 선들이 얼마나 되는지를 가늠합니다. 즉, 경계선이 그려져 있는 경우가 열린 곡면입니다. 열린 곡면의 위치에 따라 고리의 면적은 동일해도 장의 세기는 달라집니다. 즉, 전하나 자석에서 멀어질수록 장의 세기는 약해질 테니 전기선속이나 자기선속이 작아집니다. 지금부터 이러한 선속의 개념이 담긴 맥스웰의 법칙을 살펴보도록 하겠습니다.

맥스웰의 제1법칙

맥스웰의 제1법칙은 전기장에 관한 것으로 아주 간단합니다. 닫힌 곡면에서 나오거나 들어가는 전기장의 크기는 그 안의 전하량에 비례한다는 것입니다. 가운데에 양전하가 있는 닫힌 곡면에서 나오는 선속은 0보다 크며, 이때 전기장의 크기는 양전하의 전하량에 비례합니다. 음전하의 경우, 양전하의 경우와 반대로 전기력선이 음전하를 향해 들어가는 방향으로 설정됩

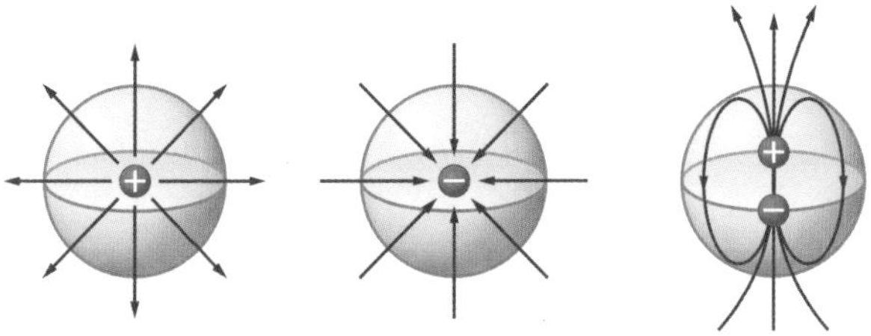

전기선속 > 0　　　　전기선속 < 0　　　　전기선속 = 0

니다. 가운데에 음전하가 있는 닫힌 곡면에서 들어가는 선속은 0보다 작으며, 이때 전기장의 크기는 음전하의 전하량에 비례합니다. 양전하와 음전하가 함께 있으면 전기력선이 양전하에서 나와 음전하로 들어가므로 이 경우에 닫힌 곡면을 지나는 선속을 다 합하면 0이 됩니다. 지금까지 닫힌 곡면 안에 전하가 있는 경우를 살펴봤는데, 다음 페이지의 그림과 같이 전하가 닫힌 곡면 바깥에 위치하는, 좀 더 복잡한 경우를 생각해봅시다.

우선 어떤 전하로부터 나오는 전기력선들을 지나는 풍선 모양의 임의의 닫힌 곡면을 하나 만듭니다. 이 풍선 안에 전하가 없으므로 선속은 0이 될 것입니다. 이것은 풍선의 왼쪽 단면과 오른쪽 단면을 각각 분리하여 생각해보면 쉽게 이해할 수 있습니다. 풍선의 왼쪽 단면은 전기력선들이 들어오고 있고, 오른쪽 단면은 반대로 전기력선들이 나가고 있습니다. 면적의 크기를 비교하면, 왼쪽 단면적은 작고 오른쪽 단면적은 큽니다. 하지만 왼쪽 단면을 지나는 전기장의 세기는 강하고, 오른쪽 단면을 지

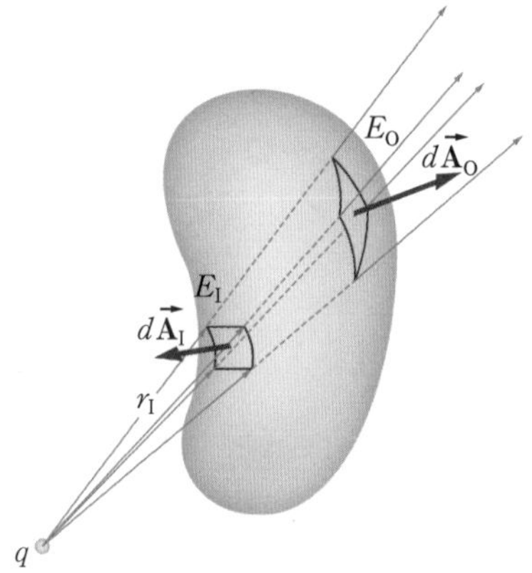

한 전하에서 나오는 전기력선들을 지나는 풍선 모양의 임의의 닫힌 곡면.

나는 전기장의 세기는 약하므로 왼쪽 부분의 전기선속과 오른쪽 부분의 전기선속은 크기는 같고 부호는 반대가 되어 상쇄됩니다. 그래서 풍선에서의 선속은 0이 되니까 풍선 안에는 전하가 없다는 결론이 나옵니다. 이게 선속의 개념입니다.

맥스웰의 제1법칙은 전하와 전기장 사이의 관계를 보여주는 법칙으로, 주어진 면적을 통과하는 전기장 크기를 나타내는 전기선속의 개념이 유용하게 쓰입니다. 닫힌 곡면 전체를 통과하는 전기선속은 닫힌 곡면의 표면을 잘게 나누었을 때, 각각의 작은 면적들을 통과하는 전기선속을 다 더한 합과 같고, 이는 닫힌 곡면 안에 있는 전하량에 비례합니다. 이것이 가우스의 법칙이자 맥스웰의 제1법칙입니다.

맥스웰의 제1법칙은 쿨롱의 법칙을 포괄합니다. 예를 들어 어떤 전하로부터 r만큼 떨어진 곳에 구의 형태로 전기장이 형성되어 있는 경우와 같은 전하량에 대해 $2r$만큼 떨어진 곳에 구의 형태로 전기장이 형성되어 있는 경우를 비교해서 생각해봅시다. 어느 경우에나 전하량이 똑같으니까 전기선속은 동일합니다. 같은 전하량일 때, 구의 반지름 차이가 2배라면 구의 면적은 r^2에 비례하여 커지므로 4배의 차이가 납니다. 그러므로 전기장의 크기는 $\frac{1}{4}$로 작아져야 합니다. 즉, 전기장은 $\frac{1}{r^2}$에 비례하여 작아지며, 이는 바로 쿨롱의 법칙($F = \frac{kq_1q_2}{r^2}$)을 의미합니다. 맥스웰의 제1법칙은 주어진 전하 분포에 의해 형성되는 전기장을 알아내는 데 유용하게 사용되는 법칙입니다.

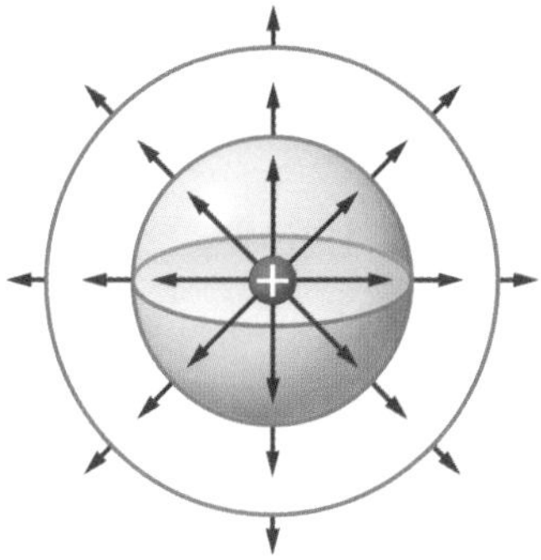

이 법칙의 예로 금속에서 관찰되는 전기장을 생각해봅시다. 금속에 순전하net charge를 넣어주면 외부에는 전기장을 만들지만 내부에서는 전기장이 0입니다. 왜냐하면 금속이란 내부에서 전하가 자유롭게 움직이는 물체이므로 내부에 전기장이 있다면 전하들이 힘을 받아 움직이게 되며, 따라서 모든 전하의 움직임이 멈춘 안정된 상태에서는 내부에 전기장이 없다는 논리적 결론을 얻게 됩니다. 전하가 있으면 맥스웰의 제1법칙에 의해 주변에 전기장이 형성되니까 내부에 전기장이 없다는 것은 내부에 전하가 없다는 뜻입니다. 따라서 금속에 넣어준 순전하는

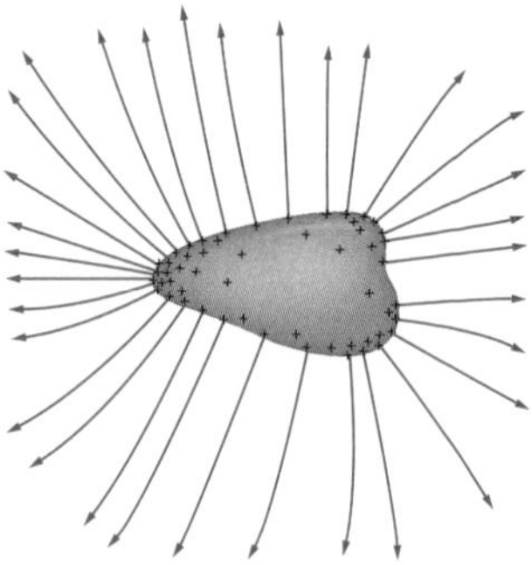

모두 표면에 위치하게 되는데, 상대적으로 뾰족한 표면에 많이 모이고 상대적으로 뭉툭한 표면에 덜 모입니다. 뾰족한 부분에는 강력한 전기장이 형성되어 외부의 전하를 잘 끌어당깁니다. 피뢰침을 굉장히 뾰족하게 만드는 것은 이러한 원리를 응용했기 때문입니다. 그래서 비구름에 고여 있는 전하들이 한꺼번에 대기 중으로 다량 방출될 때 피뢰침에 떨어지도록 합니다.

반면 금속 내부에는 전기장이 전혀 형성되지 않습니다. 금속 표면에 아무리 전하들이 많이 쌓인다고 해도 내부에는 마치 구멍이 뻥 뚫린 것처럼 전하들이 전혀 모이지 않습니다. 예컨대 자동차 안에 앉아 있는데 벼락이 떨어져 차체에 고전압이 형성되었다면, 어떻게 행동하는 것이 안전할까요? 이게 바로 금속 표면에 아무리 강력한 전기장이 형성되었더라도 금속 내부에는 전기장이 전혀 형성되어 있지 않은 경우에 해당합니다. 즉, 자동차 안에 가만히 앉아 있는 것이 가장 안전합니다. 하지만 대다

수의 사람들은 실제로 이와 유사한 상황에 처하게 되면 무서우니까 일단 차 문을 열고 밖으로 나가려고 합니다. 길거리에서 흔히 볼 수 있는 전봇대들에 걸쳐 있는 전선에는 최소 3300V 이상의 고압 전류가 흐르고 있습니다. 이러한 고압 전류는 변압기를 거치면서 220V로 낮아져 가정집으로 들어오는데, 220V 정도의 낮은 전압일지라도 여기에 감전되면 심각한 충격을 받을 수 있습니다. 심장이 약한 사람은 졸도할 수도 있습니다. 만약 운전자의 실수로 자동차가 전봇대를 들이받아서 고압선이 자동차에 떨어지면 차체에 3300V 이상의 고전압이 형성될 것입니다. 이때 운전자가 당황하여 차 문을 열고 무조건 밖으로 나가려고 한다면 사망하게 될 것입니다. 왜냐하면 3300V라는 고전압의 차를 만지고서 0V의 땅에 발을 딛는 순간 사람의 몸이 순식간에 고압의 전기에 감전되기 때문입니다. 이야기의 핵심은 금속 내부는 전기장이 형성되지 않기 때문에 금속 안쪽에 있는 것이 안전하다는 것입니다.

맥스웰의 제2법칙

맥스웰의 제1법칙을 알았으면, 제2법칙을 아는 것은 식은 죽먹기입니다. 제1법칙은 전기장에 관한 것으로, 닫힌 곡면에서 나오거나 들어가는 전기선속은 그 안의 전하량에 비례한다는 내용인데, 이를 자기장에 관한 것으로 바꿔 이야기하면 제2법칙이 됩니다. 제2법칙은 자기장의 경우, 닫힌 곡면에서 나오거나 들어가는 자기선속은 0으로 자기 홀극은 존재하지 않는다는 내용을 담고 있습니다. 만약 양전하만 있는 닫힌 곡면에서처럼 N극만 있는 닫힌 곡면이 존재하는 경우가 있다고 가정해봅시다. 그렇다면 가운데 N극만 있는 닫힌 곡면에서 바깥으로 뻗어나가는 자기력선이 형성되고, 닫힌 곡면의 표면을 잘게 나눈 각각의 미세 곡면들을 통과하는 자기선속을 다 더한 합은 0보다 클 것입니다. 마찬가지로 가운데 S극만 있는 닫힌 곡면에서의 상황은 음전하만 있는 닫힌 곡면에서의 상황과 유사할 것입니다.

하지만 이런 일은 일어나지 않습니다. 자석을 떠올려보면 쉽게 이해할 수 있습니다. 아무리 조그만 자석일지라도 항상 N극

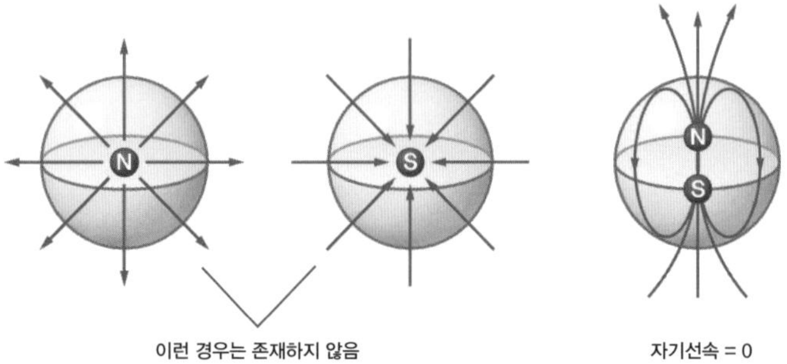

과 S극이 함께 존재합니다! 최근 들어 예외적으로 자기 홀극이 존재하는 아주 특별한 경우도 있다고 주장하는 물리학자가 등장했지만, 현재까지는 N극만 있다거나 S극만 있는 경우는 없다는 것이 정설입니다. 이런 맥스웰의 제2법칙은 너무나 당연한 것처럼 여겨져서 책에도 잘 언급되지 않습니다. 자석은 항상 N극과 S극이 함께 존재한다는 것을 굳이 '맥스웰의 제2법칙'이라고 어렵게 명명해가면서 설명할 필요는 없지 않을까요? 여기서 간과할 수 없는 또 하나의 중요한 사실은 맥스웰의 제1법칙과 제2법칙 사이에는 대칭성이 있다는 것입니다.

맥스웰의 제3법칙

다음 그림은 간단한 회로입니다. 전류계가 도선에 연결되어

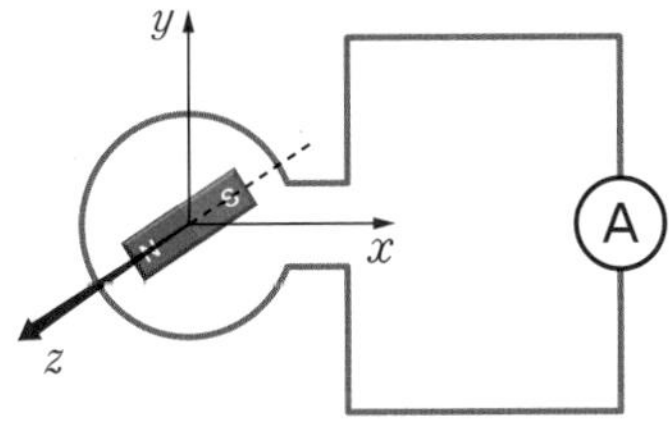

자석을 회로 안쪽에서 회로가 놓인 평면과 수직으로 왔다 갔다 하면 전류가 흐른다.

있는 것을 볼 수 있는데, 전류계가 측정하는 전류의 단위가 A(암페어)이다 보니, 전류계 기호를 A로 표시합니다. 전류계 중앙의 눈금은 0이고, 도선에 전류가 흐르면 전류의 방향에 따라 전류계의 바늘이 오른쪽 또는 왼쪽으로 움직입니다. 그런데 이 회로에는 건전지가 없어서 전류가 흐르지 않습니다. 그러나 자석을 회로 안쪽에서 회로가 놓인 평면과 수직으로 왔다 갔다 움직이면 전류계의 바늘이 좌우로 왔다 갔다 합니다. 패러데이는 이 현상을 발견했을 때 굉장히 신기하게 생각했고, 전기력선과 자기력선을 그려서 표현했습니다. 물론 이 현상을 발견한 다른 과학자들도 있습니다. 그들 역시 이 현상을 신기해하며, 수학적으로 표현하려고 했습니다. 나중에 맥스웰이 이 내용을 정리할 때, 다른 과학자들이 수학적으로 표현했던 것들은 죄다 틀렸고, 오로지 패러데이만이 정확하게 관찰했으며 옳게 기술했음을 알게 되었습니다.

패러데이는 다양한 방식으로 실험했습니다. 회로가 놓인 평면과 같은 평면 상에서 자석을 왔다 갔다 움직여도 보았지만, 그렇게 했을 때에는 도선에 전류가 흐르지 않았습니다. 물론 자석을 그냥 가만히 놓아두는 경우에도 전류는 흐르지 않습니다. 자석을 수직으로 움직여야 비로소 전기에너지가 발생하고, 이 에너지로 불을 켜거나 선풍기를 돌릴 수 있는 것입니다. 이게 바로 발전기의 원리입니다. 또 회로의 고리 부분의 크기에 따라 전류의 양이 달라집니다. 여기서 알 수 있는 가장 중요한 내용은 자기장의 시간적 변화가 전기장을 만들어낸다는 것입니다. 이것이 패러데이의 전자기 유도 법칙이자, 맥스웰의 제3법칙입니다. 각각 독립적이었던 전기장에 대한 법칙과 자기장에 대한 법칙이 이제는 서로 얽히면서 복잡해졌습니다. 맥스웰은 이 복잡한 현상을 올바른 수식으로 표현하고자 했습니다. 당시 수학은 벡터도, 벡터 미분이라는 것도 알지 못했으므로, 벡터 미분을 이용하면 간단하게 표현될 수식을 당시에는 아주 복잡하게 표현했습니다. 그래도 다른 과학자들이 만들었던 식에 오류가 있었던 것과는 달리 맥스웰은 패러데이의 관찰 사실에 의거해 용케 올바른 수식으로 표현해냈습니다.

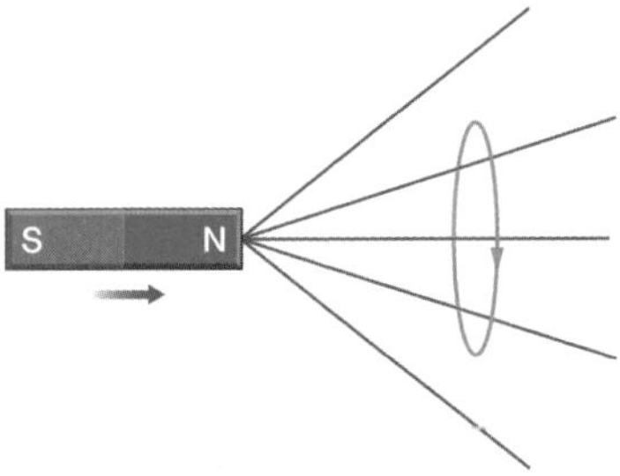

왼쪽 그림과 같이 자석을 움직이면, 생성된 자기장이 변화한다. 이때 자기장의 수직 면을 통과하는 자기장 선다발의 변화에 비례하여 원형의 전기장 소용돌이 성분이 생긴다.

다시 앞의 회로를 봅시다. 회로 안쪽을 통과하는 자기장 선다발의 변화가 만들어내는 전기장의 모양은 어떨까요? 자기장 선다발의 변화는 전기장을 만들어내서 전하를 움직이게 하는데, 이때 어떤 형태의 전기장이 만들어질까요? 정답은 원형입니다. 유도된 전류는 자기력선의 수직인 회로의 면을 따라 원형의 형태로 빙빙 도는 소용돌이 모양으로 흐릅니다. 다시 말해, 자기력선의 변화는 전기력선의 소용돌이 성분을 만듭니다. 이것 역시 패러데이가 발견한 사실입니다. 이런 선의 회전 성분은 벡터의 크기와 원주의 곱으로 구할 수 있습니다. 따라서 선 소용돌이는 장이 셀수록, 길이가 길수록 크다는 것을 알 수 있습니다.

이처럼 면의 자기장 선다발의 변화로 인해 경계선의 전기장 소용돌이 성분이 생성된다는 것이 바로 패러데이의 전자기 유도 법칙이자, 맥스웰의 제3법칙입니다. 이 법칙을 전기 회로상에서 생각해보면 쉽게 이해할 수 있습니다(변화하는 자기장이 있는 곳이라면 어느 곳이든 전기장이 원형으로 형성되므로, 이 법칙은 전기 회로에서뿐만 아니라 어떤 공간에서든지 항상 성립합니다). 도선에 전류계가 연결되어 있고, 회로의 한가운데는 지면 앞으로 툭 튀어 나오는 방향의 고리로 되어 있는 전기 회로를 생각해봅시다. 이 회로의 고리 안쪽으로 자석을 가까이하면 회로에 전류가 흐르기 시작합니다. 자기장 선다발의 변화는 전기장 소용돌이 성분을 만드는 것입니다.

이와 똑같은 상황을 우주 공간, 즉 전지적 관찰자 입장에서 실험한다고 가정해봅시다. 그렇다면 자석이 회로에 가까이 가는지, 아니면 회로가 자석에 가까이 가는지를 알 수 없습니다. 자석은 가만히 있고 회로가 자석에 가까이 간다고 생각할 수도 있습니다. 그런 경우라면, 도선 내부를 돌아다니는 자유전자들이 자석 쪽으로 움직이고, 그러면 애초에 전자들이 움직이던 방향과 자기장 모두에 수직 방향으로 힘을 받게 되어 전류가 흐릅니다. 이것은 결국 자기장이 형성된 공간 속에서 전자가 이동할 때 힘(로렌츠 힘)을 받는 상황으로 볼 수 있습니다. 즉, 하나의 계에서는 패러데이의 전자기 유도 법칙으로 관측되는 현상이 다른 계에서는 로렌츠 힘으로 관측될 수 있는 것입니다. 이게 바로 상대적 관점입니다. 상대적이라는 것은 똑같은 현상을 두고 관측하는 입장에 따라 기술하는 방식이 다른 것을 의미합니다.

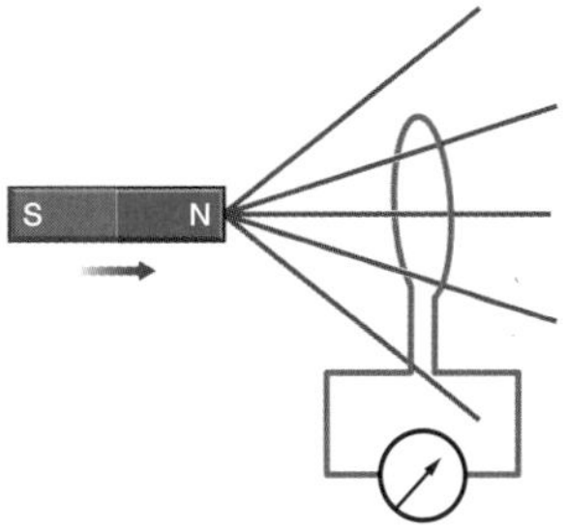

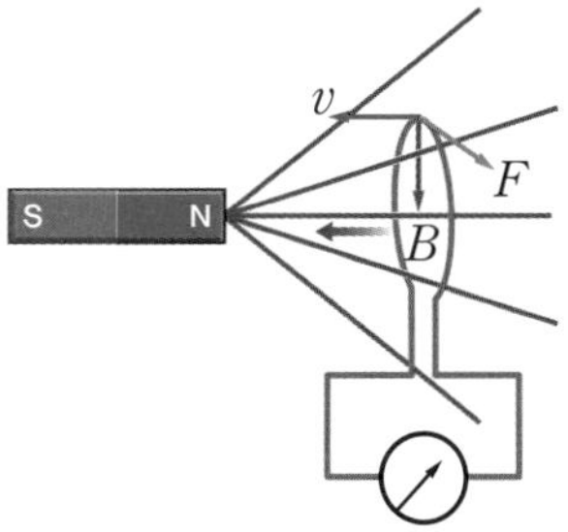

physics inside

기전력과 전압

회로의 고리 부근에서 자석을 움직이면 회로에 전류가 흐른다. 역으로 회로에 전류를 흘리면 자기장이 발생한다. 회로와 자석 대신 두 개의 회로가 인접해 있는 상황에서는 어떨까? 한 회로의 전압을 높이면 전류가 더 많이 흐를 테고, 그러면 그 고리가 만드는 자기장의 세기가 커져서 옆에 있는 고리를 통과하는 자속의 양을 커지게 하고 그 고리에 전류를 흐르게 한다. 결국 자석 따위를 움직이지 않아도 전기가 유도되는 셈이다. 한편, 회로의 고리 부근에서 자석을 움직여서 전류가 흐르기 시작하면 기전력이 발생한다. 기전력은 전하가 만들어내는 전기적 퍼텐셜 차이인 전압과는 생성 원인이 달라 서로 다른 개념이지만 전하에 힘을 가한다는 점에 있어서는 전압과 똑같은 효과가 발생하므로 같은 단위 V를 사용한다.

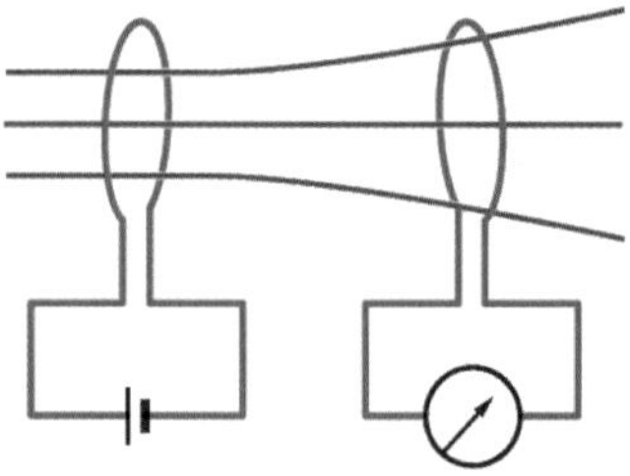

맥스웰의 제4법칙

지금까지 전자기장이 어떻게 만들어지는가와 관련하여 맥스웰의 세 가지 법칙을 알아봤습니다. 전기장과 자기장을 만들기 위해서는 각각 전하와 자석만 있으면 된다고 했습니다. 아주 간단합니다. 즉, 전하가 있으면 전기장이 생성되는데, 이때 전기장의 세기는 전하량에 비례한다는 것이 맥스웰의 제1법칙입니다. 마찬가지로 자석이 있으면 자기장이 생성되는데, 이때 자기장의 세기도 자극의 세기에 비례하지만 자극은 두 개가 항상 같이 붙어 다닌다는 것, 즉 자기 홀극은 존재하지 않는다는 것이 맥스웰의 제2법칙입니다. 그리고 전기장을 만드는 또 다른 방법이 있는데, 그것은 맥스웰의 제3법칙으로 자기장의 변화로부터 전기장을 유도하는 것입니다. 그렇다면 맥스웰의 마지막 법칙은 무엇일까요? 그것은 자기장을 만드는 또 다른 방법에 관한 것입니다.

실제로 맥스웰의 제4법칙은 전류 또는 전기장의 시간에 따른 변화가 자기장을 만들어낸다는 것입니다. 전류로부터 자기장이 만들어진다는 것은 이미 앙페르의 법칙으로 알려졌습니다. 도선에 전류가 흐르면 주위에 빙빙 도는 자기력선 소용돌이

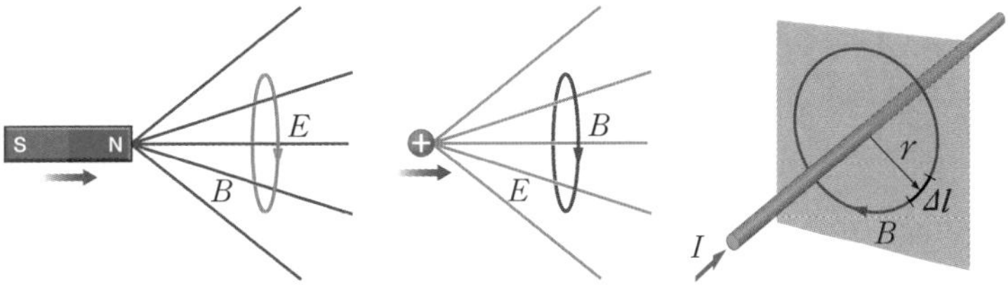

맥스웰의 제4법칙은 면을 통과하는 전류 또는 전기장 선다발의 변화는 면의 경계선을 따라 원형으로 빙빙 도는 자기장 소용돌이 성분을 만들어낸다는 것을 말해준다.

성분이 생깁니다. 맥스웰은 여기에 새로운 내용을 추가했습니다. 첫 번째 법칙과 두 번째 법칙이 대칭적인 것처럼 세 번째 법칙과 네 번째 법칙의 대칭성을 고려한 것입니다. 즉, 맥스웰은 변화하는 자기장이 전기장을 만든다면, 역으로 변화하는 전기장이 자기장을 만들 것이라고 주장했습니다.

예를 들어 다음과 같은 축전기를 봅시다. 축전기는 두 도체판 사이에 전기가 통하지 않게 만들어서 전하를 모으는 장치입니다. 여기에 전압을 걸면, 전류가 흘러들어오는 쪽의 도체판에는 양전하가, 전류가 흘러나가는 쪽의 도체판에는 음전하가 쌓입니다. 따라서 축전기를 중심으로 전기장이 형성됩니다. 그리고 전하가 많이 쌓일수록 전기장은 점점 세집니다. 이처럼 시간에 따라 전기장의 세기가 변하면서 자기장이 소용돌이 모양으로 생성됩니다. 마치 전류에 의해 형성되는 자기장 소용돌이 성

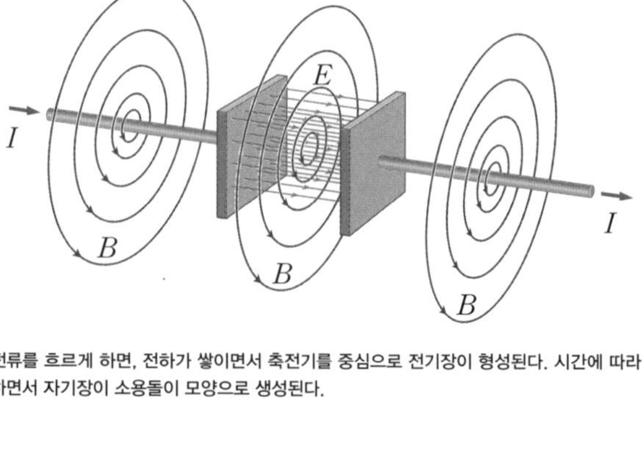

축전기에 전류를 흐르게 하면, 전하가 쌓이면서 축전기를 중심으로 전기장이 형성된다. 시간에 따라 전기장의 세기가 변하면서 자기장이 소용돌이 모양으로 생성된다.

분처럼 이 경우에도 똑같은 자기장 소용돌이 성분이 생깁니다. 즉, 전기장 변화는 전류가 흐르는 것과 똑같은 효과를 냅니다. 이로써 자기장 선다발의 변화로 전기장 소용돌이 성분이 생기는 것처럼 전기장 선다발의 변화로 자기장 소용돌이 성분이 만들어진다는 맥스웰의 주장은 옳다는 것을 알 수 있습니다. 맥스웰은 대칭성을 고려하여 전자기 현상에 관련된 모든 법칙(쿨롱의 법칙, 가우스의 법칙, 패러데이의 법칙, 앙페르의 법칙)을 한꺼번에 보여줄 수 있는 일목요연한 수식으로 정리해 전자기학을 집대성했습니다.

1. $\nabla \cdot D = \rho$ (D : 전기변위장, ρ : 전하밀도)
2. $\nabla \cdot B = 0$ (B : 자기장)
3. $\nabla \times E = -\frac{\partial B}{\partial t}$ (E : 전기장, B : 자기장)
4. $\nabla \times H = J + \frac{\partial D}{\partial t}$ (H : 자기력, J : 전류밀도, D : 전기변위장)

맥스웰의 전자기 법칙을 나타내는 위의 수식은 이런 뜻입니다.

1. (닫힌 곡면에서 나오는 전기선속[전기력선 다발]의 합)=(그 안의 전하량)
2. (닫힌 곡면에서 나오는 자기선속[자기력선 다발]의 합)=0

3. (경계선의 전기장 소용돌이 성분)=(면의 자기선속의 변화)

4. (경계선의 자기장 소용돌이 성분)=(면의 전기선속의 변화+전류)

전기장과 자기장의 변화가 없는 경우에는 '변화'를 하는 항들이 사라져서 식이 다음과 같이 간단해집니다.

1. (닫힌 곡면에서 나오는 전기선속의 합)=(그 안의 전하량)

2. (닫힌 곡면에서 나오는 자기선속의 합)=0

3. (경계선의 전기장 소용돌이 성분)=0

4. (경계선의 자기장 소용돌이 성분)=(전류)

이처럼 시간에 따른 전기장과 자기장의 변화가 없는 경우, 전기장과 자기장은 서로 완전히 독립적인 별개의 현상이 됩니다. 시간에 따라 전기장과 자기장이 변화할 때는 서로 얽힌 복잡한 식들로써 설명되는 현상이 나타나며, 대표적인 예가 바로 전자기파입니다.

안테나로 전기장이 떠는 것을 만들 수 있습니다. 전기장이 위아래로 떨면 자동적으로 전기장이 떠는 방향과 수직으로 떠는 자기장 성분이 생겨납니다. 이렇게 전기장의 변화로 만들어진 자기장과 자기장의 변화로 만들어진 전기장이 연속적으로 공간에 퍼져나갈 수 있습니다. 이게 전자기파입니다. 전자기파는 우리 눈에 보이지 않습니다. 만약 전자기파를 볼 수 있다면 다음과 같은 상상을 해볼 수 있습니다. 전자기파의 전자기장은 끊임없이 위아래 앞뒤 방향으로 왔다 갔다 할 텐데, 위아래 방향 전기장은 빨간색으로 보이고, 앞뒤 방향 자기장은 파란색으로 보인다고 가정해봅시다. 그렇다면 근처 방송국에서 나를 향해 거대한 파란 벽과 빨간 벽이 교대로 날아오는 게 보일 것입니다. 일정한 부피를 가진 전자기장이 시간과 공간에 따라 연속적으로 쭉 밀려올 것이기 때문입니다. 더군다나 누구나 가지고 있는 휴대폰이 전부 전파를 발사하면 현란한 색깔의 전파들로 우리의 시공간을 가득 메워 다른 물체는 아무것도 볼 수 없을 것입니다. 전자기파가 우리 눈에 안 보이는 게 천만다행입니다.

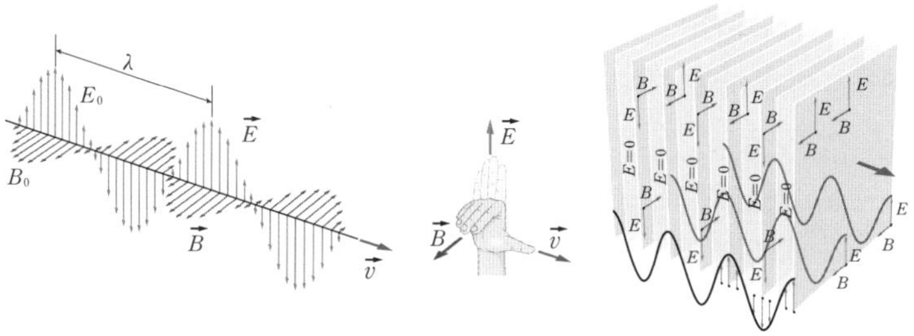

전자기파는 공간의 한 영역에서 다른 영역으로 에너지를 운반하며 진행한다. 만약 전자기파를 볼 수 있다면, 전자기파가 진행하는 순간순간 파의 진행 방향에 대해 수직한 단위 면적당, 단위 시간당 파동에 의해 전송되는 에너지를 마치 거대한 벽돌들이 연속적으로 날아오는 것처럼 느낄지도 모른다($\vec{E}$: 전기장의 세기, $\vec{B}$: 자기장의 세기, $\vec{v}$: 전자기파의 진행 방향).

힘, 장, 퍼텐셜에너지, 퍼텐셜

물리학에서는 힘과 에너지에 관한 현상을 설명하기 위해 네 가지 개념을 사용한다. 즉 힘, 장, 퍼텐셜에너지, 퍼텐셜이 그것인데, 우리나라에서 퍼텐셜에너지는 위치에너지라 번역하여 사용하고, 퍼텐셜은 전기퍼텐셜일 경우에만 전위라는 표현을 사용한다. 이 개념들은 중력이나 전기력에 모두 공통적으로 사용할 수 있는 큰 개념들인데, 다소 헷갈리게도 중력을 다룰 때는 힘과 퍼텐셜에너지 개념을 주로 사용하고, 전기력을 다룰 때는 장과 퍼텐셜 개념을 주로 사용한다. 중력이나 전기력은 그 힘을 받는 물체의 질량이나 전하량에 비례하며, 질량이나 전하가 1일 때의 힘을 중력장이나 전기장이라고 부른다. 중력은 mg로 표시한다. 이를 질량으로 나눈 g가 바로 중력장의 크기다. 전기력은 qE와 같이 표현한다. 그러므로 단위 전하당 힘인 E는 전기장이다. 따라서 중력장이나 전기장을 구할 때는 중력이나 전기력을 질량이나 전하로 나누면 되고, 반대로 중력장이나 전기장을 알면 질량이나 전하를 곱해서 그 물체가 받는 중력이나 전기력을 구할 수 있다.

퍼텐셜에너지, 즉 위치에너지는 공간에 펼쳐진 장에 의해 위치에 따라 다른 에너지를 말한다. 힘에다가 거리를 곱하면, 혹은 좀 더 일반적으로 이야기해서, 힘을 거리에 대해 적분하면 위치에너지를 얻는다. 거꾸로 위치에너지를 거리에 대해 미분하면 힘이 나온다. 중력위치에너지는 mgh와 같이 표기하는데, 이는 일정한 공간에서 중력 mg에 수직거리 h를 곱해서 얻어진 것이다. 전기력도 적분하면 전기적 위치에너지를 얻게 되는데, 일반적으로 중력처럼 크기가 일정해서 적분하지 않고 간단히 거리만 곱해서 얻는 경우가 드물기 때문에 중고등학교 교과과정에서는 전기적 위치에너지의 개념은 잘 쓰지 않는다.

힘을 적분해서 퍼텐셜에너지를 얻는 것처럼, 퍼텐셜은 장을 적분해서 얻은 양을 말하는 것이다. 그러므로 퍼텐셜은 단위 질량당 혹은 전하당 위치에너지이다. 퍼텐셜을 알 때는 미분해서 장을 구할 수 있고, 장을 알 때는 적분해서 퍼텐셜을 구할 수 있다. 전기장 E를 알면 이를 적분해서 전기퍼텐셜, 즉 전위 V를 알 수 있게 된다. 가령, 축전기의 양 끝 지점의 사이처럼 전기장이 일정한 공간에서는 간단히 거리를 곱해서 qE가 된다. 반대로 전위를 알면 이를 미분해 전기장을 구할 수 있다. 잘 쓰지 않지만 이를 중력의 경우에 적용해보면 중력위치에너지 mgh를 질량으로 나누어 중력퍼텐셜 gh를 얻을 수 있고, 이를 다시 거리에 대해 미분해서 중력장 g를 얻을 수 있다.

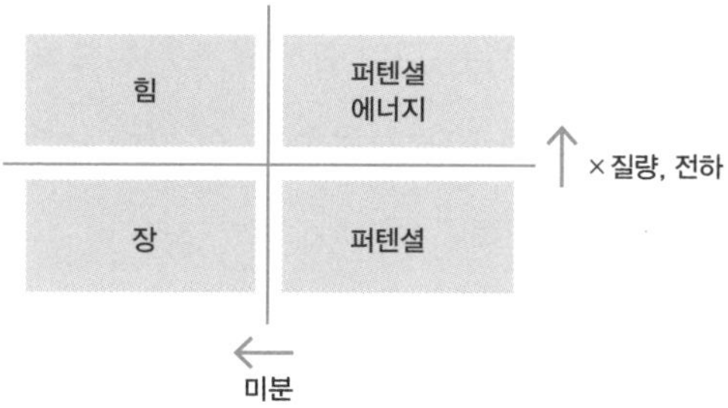

힘, 장, 퍼텐셜에너지, 퍼텐셜의 상관관계도.

전자기 현상과 회로

지금까지 전자기학에 대한 이야기만 실컷 하다가 갑자기 회로에 대해 이야기하면 의아해하는 사람들이 많습니다. 그도 그럴 것이, 대부분의 사람들은 전자기학과 회로를 따로따로 배우기 때문에 회로가 전기장, 자기장 그리고 전자기 법칙과 어떠한 상관이 있는지를 알지 못합니다. 하지만 회로에 전압이 걸려서 전류가 흐르고 저항이 작용하는 일은 결코 전자기 현상과 무관하지 않습니다. 전하가 움직이는 게 바로 전자기 현상입니다! 회로는 전자기 법칙 가운데 가장 쉬운 쿨롱의 법칙 하나만 제대로 알면 쉽게 이해할 수 있습니다. 쿨롱의 법칙은 다른 게 아니라, 같은 전하끼리는 밀고, 다른 전하끼리는 당긴다는 것입니다.

예를 들어 금속박 검전기로 정전기를 유도하는 장면을 봅시다. 금속박 검전기는 금속봉의 끝에 두 장의 얇은 금속박이 매달려 있고, 외부의 영향을 피하기 위해 유리병 속에 넣은 것입니다. 검전기 근처에 털가죽으로 문질러서 음전하로 대전시킨 에보나이트 막대를 가까이 하면 금속봉에는 양전하들이 몰리고, 두 금속박에는 음전하들이 몰립니다. 즉, 정전기 유도에 의해 두 금속박에 같은 전하가 유도되어 두 금속박은 벌어지는 것입니다. 이제 이러한 쿨롱의 법칙으로 전부 설명이 가능한 회로에 대해 좀 더 나아가겠습니다.

회로를 구성하는 요소들부터 하나씩 알아봅시다. 가

장 먼저 건전지. 건전지의 양극에는 양전하가 쌓여 있고, 음극에는 음전하가 쌓여 있습니다. 건전지는 축전된 전하가 없어지면 전하를 계속해서 만들어낼 수 있는 전원입니다. 건전지와 스위치, 전구 등을 도선으로 연결하면 회로는 완성됩니다. 도선은 전류가 잘 흘러야 하므로 금속으로 만듭니다. 금속의 속성은 전자들이 자유롭게 움직일 수 있다는 것임을 떠올리면 금방 이해될 법도 합니다. 하지만 앞에서 금속 내부에는 전기장이 형성되지 않는다고 언급했던 사실도 함께 떠올리면 당혹스럽습니다. 전기장이 없는데 왜 금속 안에서 전자들이 움직이는 것일까요? 이 혼란은 간단히 해결됩니다.

전류가 흐를 때는 아무리 금속 내부일지라도 전기장이 형성됩니다. 도선에 전류가 흐른다는 것은 전하가 움직인다는 것이고, 전하가 움직이려면 전기장이 형성되어야만 합니다. 즉, 도선 내부에 전기장이 형성되어 있습니다. 다만 실제 상황에서는 금속 내부의 전기장은 매우 작기 때문에 무시하는 것입니다. 저항이란 전하가 마음대로 가지 못하게 하는 소자입니다. 저항이 전하의 움직임을 방해하는 이유는 저항 속에서 전하들이 금속 원자(엄밀히 말하면, 이때의 금속 원자는 전자를 잃은 양이온 상태임)들과 충돌하기 때문입니다. 마지막으로 스위치는 회로를 끊거나 연결하는 기구입니다.

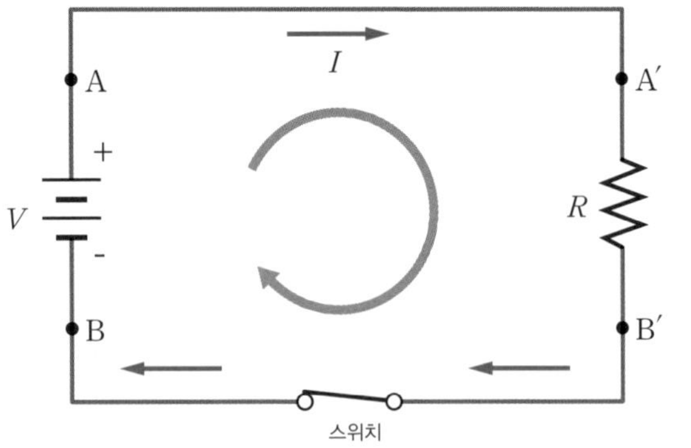

간단한 회로 도식.

자, 위 회로에서 어떤 저항 장치도 연결되어 있지 않고, 도선 하나만 건전지에 연결되어 있다고 생각해봅시다. 그러면 건전지의 양극을 중심으로 양전하들이, 음극을 중심으로 음전하들이 잔뜩 쌓일 것입니다. 전하들이 많이 쌓여 있으니까 서로 밀고 싶을 것입니다. 실제로 밀어서 음전하들이 양전하 쪽으로 쭉 넘어가 합쳐집니다. 이때 저항(R)을 연결시키면 저항 내부에서 금속 원자들과 음전하들이 충돌하면서 음전하가 저항을 빨리 빠져나가지 못하니까 저항 주변 B′ 일대에는 음전하들이 쌓이기 시작합니다. 그리고 A′ 일대에는 양전하가 쌓이기 시작합니다. 이러한 전하의 이동은 A와 A′, 그리고 B와 B′ 사이에 전위차가 완전히 없어질 때까지 계속됩니다. 그래야 도선 내부에 전기장이 없을 테니까 말입니다. A와 A′, 그리고 B와 B′ 사이에 전위차가 없다는 것은 A′과 B′의 전기적 퍼텐셜 차이가 건전지의 전압과 같음을 의미합니다. 이런 식으로 모든 전압이 저항 사이에 걸리는 것입니다. 또는 저항 사이에 그만큼의 전압 강하가 발생한다고 말할 수 있습니다. 이렇게 회로에서의 복잡한 전하들의 움직임은 결과적으로는 옴의 법칙(전류의 세기는 두 지점 사이의 전기적 퍼텐셜 차이에 비례하고, 저항에 반비례한다는 법칙)으로 간단하게 나타낼 수 있습니다. 그런데 대개의 경우 결과만 보여주니까, 회로와 전자기학이 단절되는 것 같은 착각을 불러일으키고 이해하기 어려운 것입니다.

결론은 맥스웰의 네 가지 법칙에 따라 전기장이 만들어지고, 이 전기장 속에 전하가 있으면 힘을 받는데, 이 힘은 두 지점 사이의 전기적 퍼텐셜(전위) 차이에 비례한다는 것입니다.

이순칠

카이스트 물리학과

전자기 : 전하가 움직이면 복잡해진다 1부

2부 **상대론**
: 우리가 만약 빛의 속도로 달린다면?

양자역학 : 빛과 물질의 이중성 3부

4부 **물리학자와 함께하는 상상초월 토크 콘서트**

점묘법으로 그린 그림처럼 아주 가까이서 보거나 아주 멀리서 보면 볼 수 없는 것이 있다. 빛 속도는 어디서나 같다라는 기본 가설을 한 번 보자. 이 가설을 인정하면 이상해지기 시작한다. 거리(길이)가 줄어들고 시간이 늘어나야 모순이 생기지 않는다. 그러면 아인슈타인의 저 유명한 공식 $E=mc^2$은 어떻게 이해해야 할까? 염두에 둘 점은, 공간은 무가 아니고 에너지와 장으로 가득 차 있다는 점이다.

2부

상대론

우리가 만약 빛의 속도로 달린다면?

우리가 사는 세상은 과연 얼마만 할까요? 우주에서부터 출발해 보겠습니다. 밤하늘 너머 우주는 엄청나게 광활합니다. 우주의 한 점을 확대하고, 확대한 부분의 한 점을 또 확대하고, 이런 과정을 여러 차례 반복하면 드디어 우리은하가 모습을 드러냅니다. 우리은하의 한 점을 확대하면 이번엔 태양계가 나타날 것입니다. 태양계의 세 번째 행성을 확대하고 또 확대해보면 인간이 보일 것입니다. 우리가 사는 세상을 우주만 하다고 하고, 이 우주에서 시작하여 인간을 들여다보기까지 계속 확대해보면 맨눈으로는 볼 수 없는, 굉장히 작은 벌레에 도달할 것입니다. 그 벌레가 인간 세상에 대해 이러쿵저러쿵한다면 얼마나 웃길까요? 그런데 지금부터 하는 이야기는 이렇게 작은 벌레가 인간 세상에 대해 말하려고 하는 것과 비슷합니다.

상대성이론의 세상

우리가 사는 세상을 크기-속도 그래프로 한번 그려봅시다. 크기가 아주 커지거나 작아지면 우리가 사는 세상과 전혀 다른 세상이 생겨납니다. 또 속도가 굉장히 빨라지거나 느려져도 대단히 이상한 일이 일어납니다. 보통 우리가 일상에서 경험하는 속도는 빨라 봐야 음속(340m/s) 정도입니다. 비행기가 강한 추진력으로 날아갈 때는 음속의 3배 정도까지 속도가 증가하여 1초에 1km까지 날아갈 수 있습니다. 그런데 이 세상에서 가장 빠른 속도는 빛의 속도(약 30만km/s)이므로, 이 속도는 모든 물체가 움직일 수 있는 한계 최대 속도입니다. 빛의 속도 수준에서 보면 우리가 평소 경험하는 속도는 엄청나게 느린 것입니다.

상대성이론으로 본 우주.

자, 이제 그래프의 세로축을 봅시다. 우주의 크기는 1000억 광년 정도 된다고 합니다. 즉, 빛이 우주를 한 바퀴 도는 데 1000억 년이 걸린다는 뜻으로, 이런 우주의 크기는 실로 상상을 초월합니다. 그런데 인간의 눈으로 볼 수 있는 세상 반경은 최대 2km 정도입니다. 그러니까 인간이 경험할 수 있는 세상은 그래프에서 원점에 가까운 아주 좁은 영역밖에 안 됩니다. 이런 시야를 가지고 우주의 전체 모습을 가늠하는 것은 기본적으로 불가능한 일입니다.

인간이 우주의 모습을 예측한 것 가운데 잘못된 것이 많았습니다. 대표적인 것이 천동설입니다. 16세기에 지동설이 나오기까지 천동설은 서구의 지배적인 우주관이었습니다. 지구를 비롯하여 행성들이 태양 주위를 빙글빙글 돌고 있다는 지동설이 받아들여진 것은 500년도 채 안 되었습니다. 그리고 1900년대에 들어와서 과학자들은, 가운데 핵이 있고 그 주위를 전자들이 빙글빙글 돌고 있는 모형으로 원자를 설명했습니다. 철학자들은 이 모형을 당연하다는 듯이 받아들였습니다. 왜냐하면 행성이 태양 주위를 공전하는 거시 세계에서처럼 미시 세계에서도 비슷한 일이 일어난다고 이해했기 때문입니다. 하지만 행성이 태양 주위를 공전하는 것과 전자가 원자핵을 중심으로 도는 것은 전혀 별개입니다. 우연히 두 자연 현상이 비슷하게 보였을 뿐, 거시 세계에서 작용하는 원리를 미시 세계에 적용할 수 있다는 생각은 착각이라고 할 수 있습니다. 미생물이 인간 세상을 제대로 이해할 수 없듯이 제한된 경험밖에 할 수 없는 인간이 드넓은 세상을 온전히 이해하기는 힘듭니다. 액체 속에서만 살 수 있는 박테리아는 액체 아닌 세상은 경험할 수가 없으며, 그 박테리아가 액체 밖으로 나온다면, 곧바로 죽게 될 것입니다. 액체가 아닌 다른 상태의 환경을 접할 수 없는 박테리아에게 기체나 고체 등 다른 상태 개념을 아무리 설명해줘도 이해할 수 없는 것은 박테리아가 결코 액체가 아닌 다른 상태의 환경을 접할 수 없기 때문일 것입니다.

다음 페이지에 나오는 보라색 평면 그림을 한번 봅시다. 보라색은 빨간색과 파란색과의 혼합을 통해 만들 수 있으므로 어

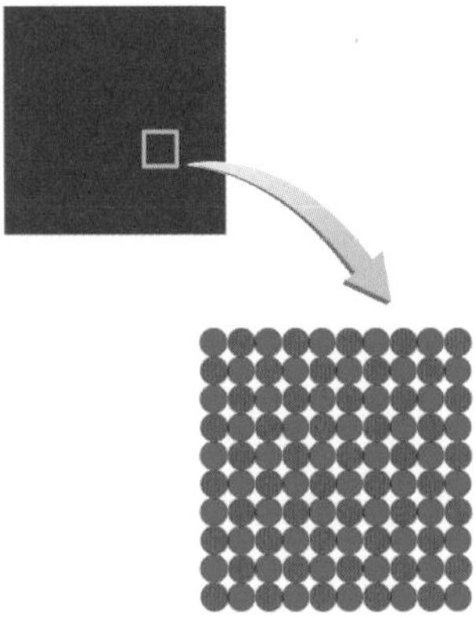

느 한 부분을 확대하면 빨간점들과 파란점들로 분리되어 보일 것입니다. 이를 인간 세계와 미생물 세계에 비유해봅시다. 빨간점, 파란점들로만 가득한 세계에 사는 굉장히 작은 벌레들은 세상을 빨갛거나 파랗다고 인식할 뿐 보라색으로는 인식하지 못합니다. 반면에 보라색 세계에 살고 있는 인간은 눈에 보이는 대로 세상을 보라색으로만 인식합니다.

이제 훨씬 더 물러나서 보면 보라색은 어떤 여인의 치마를 이루는 일부로 많은 색 가운데 하나일 뿐임을 알게 됩니다. 보

조르주 쇠라, 〈그랑드 자트섬의 일요일 오후〉, 1885.

라색 세상에 살고 있는 인간은 빨간점과 파란점이 교대로 배열된 미시적인 세계도, 아름다운 작품인 거시적인 세계도 볼 수 없고, 오직 보라색만 볼 수 있습니다. 이렇듯 한 가지 색만 보이는 세상의 존재에게 '색'이라는 개념은 제대로 이해할 수 없는 대상일 것입니다. 이게 바로 인간의 눈으로 우주를 이해하는 수준입니다. 그런데 과학기술이 발달하면서 인류는 형형색색의 우주의 진짜 모습을 볼 수 있게 되었습니다. 아주 작은 세계와 아주 큰 세계를 들여다볼 수 있게 된 인간은 일상에서는 경험할 수 없는 새로운 개념들을 알아냈습니다. 그런 것에 해당하는 게 바로 상대론과 양자론입니다.

우리는 어떤 새로운 개념을 접하면, 자연스럽게 자신이 과거에 경험했던 비슷한 기억을 끄집어냅니다. 그리고 그 개념이 자신의 기억과 맞물려서 받아들여졌을 때, 그것을 제대로 이해했다고 생각합니다. 경험과 아무 상관없이 새로운 개념을 머릿속에 넣는 것이 가능할까요? 과연 개념을 이해했다고 할 수 있을까요? 안타까운 일이지만 우리가 상대론이나 양자역학을 제대로 이해하는 것은 불가능합니다. 우리가 사는 세상은 광활한 공간에서 고작 한 점에 불과할 뿐이어서, 나머지 세상의 규칙(상대론과 양자역학)을 이해한다는 것은 신이 인간에게 허용한 영역이 아닌 것으로 보입니다. 그럼에도 불구하고 인간은 그 영역에 대해 알아냈습니다. 우주에서 먼지 같은 존재에 불과한 인간이 우주의 모습이 어떠하다는 것을 알아낸 것은 인류 지성사에 길이 남을 만한 업적이라 할 만합니다. 이번 시간에는 인류의 위대한 업적 가운데 하나인 상대론에 대해 이야기해보도록 하겠습니다.

상대론은 특수상대성이론과 일반상대성이론으로 나누어서 이야기합니다. 대다수의 사람들이 일반상대성이론에서는 공간이 휜다든지 하는 이야기를, 특수상대성이론에서는 길이가 줄어든다든가 시간이 늘어난다든가 하는 이야기를 들어보았을 것입니다. 하지만 들었다고 해서 그것을 이해했다고 할 수 없습니다. 그냥 그런 말들이 머릿속에 둥둥 떠다니고 있을 뿐입니다. 특수상대성이론이 일반상대성이론보다 이해하기 조금 더 쉬운데, 여기서는 특수상대성이론의 알맹이를 다룰 것입니다. 어쩌면 지금부터 하는 이야기는 어떤 책에서도 보지 못했던, 물리학과를 지망하지 않는 한 접하기 힘든, 처음이자 마지막으로 듣게 될 특수상대성이론 이야기가 될 것입니다.

우선 특수상대성이론에서 나타나는 현상들을 간단히 생각해봅시다. 방금 언급했지만, 길이가 수축되거나 시간이 연장되는 일이 벌어집니다. 또 질량이 증가하기도 합니다. 상식적으로 말이 안 된다고 생각하나요? 이 현상들을 뒷받침할 만한 근거가 없다면 아인슈타인은 허무맹랑한 소리를 늘어놓은 괴짜 과학자에 불과했을 것입니다. 그러나 아인슈타인의 특수상대성이론에는 이론적인 근거도 있고 실험적인 근거도 있습니다. 특히 빛의 속도가 관측계와 무관하다는 마이컬슨-몰리의 실험은 상대론을 연 계기가 되었습니다.

물리 법칙과 법칙의 불변성

상대론의 본질에 접근하기 위해선 일반적인 물리 법칙의 특성부터 살펴볼 필요가 있습니다. 대포로 먼 곳의 목표물을 향해 포탄을 쏜다고 합시다. 포탄이 포물선을 그리며 날아가는 궤적은 뉴턴의 법칙, $F = ma$로 잘 설명됩니다. 포탄이 대포를 떠나는 순간, 앞으로 나아가는 방향으로는 외력이 작용하지 않으므로 포탄은 일정한 속력으로 직진해 날아갑니다. 반면 포탄이 앞으로 나아가는 동안 지구 중심 방향으로 중력이 지속적으로 작용하여 포탄이 위로 올라가다가 나중에는 아래로 떨어집니다.

만약 이것을 설명하는 식이 $F = ma$가 아니고 다른 복잡한 형태였다면, 포탄이 움직이는 궤적은 어떻게 될까요? 포탄의 움직임을 기술하는 식이 $10F = ma$라면, 아까와 똑같은 힘으로 포탄을 쏘아 올렸을 때 중력에 의한 가속도가 아까보다 더 커져서

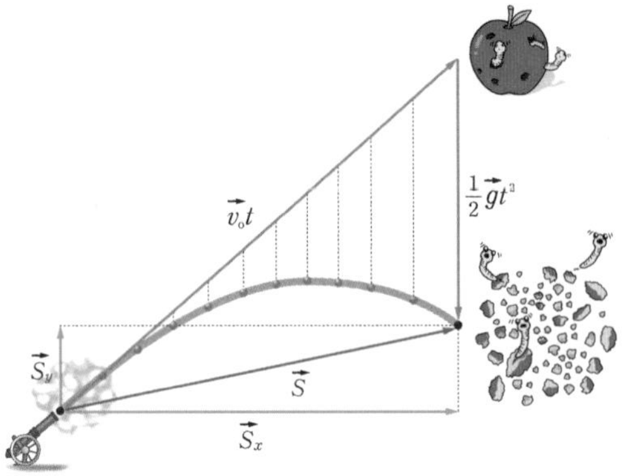

포탄은 날아가는 동안 중력의 영향을 받아 아래쪽으로의 속력이 증가하므로 포탄의 궤적은 포물선이 된다.

포탄이 더 빨리 떨어져버릴 것입니다($10F = ma \rightarrow a = \frac{10F}{m}$). 반대로 포탄이 $\frac{1}{10}F = ma$라는 식에 따라 움직인다면, 역시 아까와 똑같은 힘으로 포탄을 쏘아 올렸을 때 중력가속도는 아까보다 더 작아져서 포탄이 더 멀리까지 날아갈 것입니다($\frac{1}{10}F = ma \rightarrow a = \frac{F}{10m}$). 이번엔 포탄이 $F = ma^2$이라는 식에 따라 움직인다면 어떨까요? 포탄의 움직임을 예측하는 것이 더 복잡해질 것은 틀림없습니다.

이렇게 식을 변형하다 보니 엉뚱한 상상이 떠올랐습니다. 뉴턴의 법칙과 아인슈타인의 특수상대성이론이 절묘하게 조합된 $E = ma$가 적용되는 세상은 어떨까요? 질량이 에너지로 변환하는 데 약간의 가속도만 필요하다면, 형체가 무의미해지거나 심지어 우리 모두 빛의 속도로 달릴 수 있을지도 모릅니다. 예전에

E=ma

아인슈타인이 $E = mc^2$을 어떻게 발견하게 되었는가에 관한 콩트를 재미있게 본 적이 있는데, $E = ma^2$이나 $E = mb^2$이 마음에 들지 않아 $E = mc^2$이 탄생했다는 만화입니다. 물론 이건 우스갯소리입니다. 굉장히 깊은 사고를 통해 $E = mc^2$이 나왔을 것입니다.

포탄으로 목표물을 맞히는 문제는 $F = ma$라는 식으로 정확하게 설명됩니다. 이 식을 약간만 변형시켜도, 목표물을 맞히는 포탄의 움직임을 옳게 설명할 수 없습니다. 따라서 정지한 관측자의 입장에서 뉴턴의 법칙($F = ma$)은 옳다는 것을 알 수 있습니다.

그런데 관측자가 가만히 있지 않고 움직인다면, 정지할 때와 똑같이 관측될까요? 움직일 때와 서 있을 때 관측자는 어떻게 다르게 볼까요? 이것은 상대론에서 중요한 문제입니다. 사실 상대성이론은 이름이 잘못 지어졌습니다. '상대성'이란, 예컨대 서 있는 사람이 움직이는 사람을 관측할 때와 움직이는 사람이 서 있는 사람을 관측할 때 똑같은 일이 일어난다는 것입니다. 왜냐하면 우주라는 큰 테두리 안에서는 어느 쪽이 움직이는지 알 수 없기 때문입니다. 기차 두 대가 나란히 서 있는데, 그중 한 기차가 움직이면 다른 기차에 있는 관측자는 자신이 탄 기차가 움직이는지 아니면 옆의 기차가 움직이는지 모를 때가 있는 것처럼 말입니다. 그게 바로 상대성입니다. '상대성'이란 용어를 많이 쓰다 보니 상대성이론이라고 이름 지어졌지만, 잘못 붙여진 이

름입니다. 상대론은 '관측자가 서서 볼 때와 움직이면서 볼 때의 관측되는 현상에 대해서 동일한 법칙이 적용되는가?'라는 질문에서 출발합니다.

목표물이 포탄에 맞는 일이 벌어졌다면, 서서 보는 관측자에게든 버스를 타고 움직이면서 보는 관측자에게든 이 일은 똑같이 일어납니다. 이때의 포탄의 궤적은 오로지 $F = ma$라는 식으로만 옳게 설명할 수 있습니다. 그렇다면 관측자가 움직이면서 똑같은 현상을 볼 때 포탄의 움직임을 설명하려면 똑같은 식을 적용해야만 합니다. 즉, 물리 법칙은 관측자의 운동 상태에 상

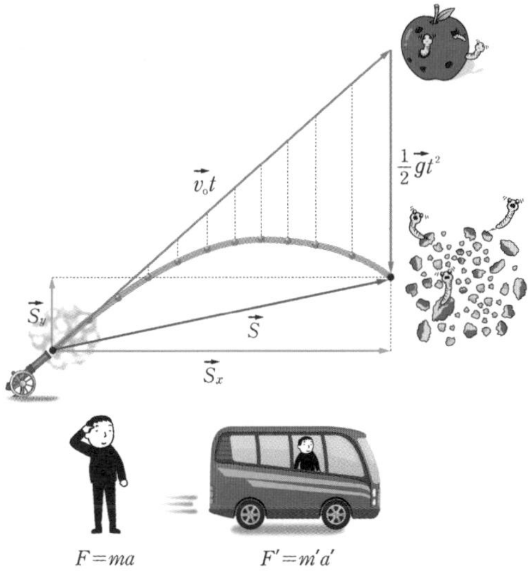

움직이는 관측자가 어떤 물체의 운동을 볼 때, 서서 볼 때와 관측하는 현상이 동일하다면, 움직이는 관측계와 정지한 관측계에는 똑같은 법칙이 적용된다.

관없이 불변성을 갖습니다. 움직이는 관측자가 측정하는 물체의 힘(F'), 질량(m'), 가속도(a')는 정지한 관측자가 측정하는 힘(F), 질량(m), 가속도(a)와 같을 수도 다를 수도 있지만, 이런 물리량들의 관계를 나타내는 식은 같은 꼴이어야 합니다. 이처럼 움직이는 관측계든 정지한 관측계든 똑같은 물리 법칙이 적용된다면 관측자에 따라 달라지는 건 무엇일까요? 도대체 왜 관측자의 운동 상태를 고려해야 할까요?

좌표변환

아름드리 나무를 기준으로 위치가 제각각인 세 사람이 있다고 해봅시다. A가 보기에 나무는 자신보다 5m 뒤에 있고, B가 보기에 나무는 자신보다 3m 앞에 있습니다. C는 처음에 나무가 자신보다 1m 앞에 있다고 보았다가, C가 보드를 타고 움직이면서 나무의 위치를 다르게 관측합니다. 움직이는 C가 보기에 나무는 1초 뒤에 자신보다 2m 뒤에 있고, 2초 뒤에 자신보다 5m 뒤에 있습니다. 이처럼 정지한 관측자든 움직이는 관측자든 관측자에 따라 달라지는 것은 관측 대상의 위치, 즉 좌표뿐입니다.

관측자가 달라져도 동일한 현상을 기술하는 식 모양이 그대

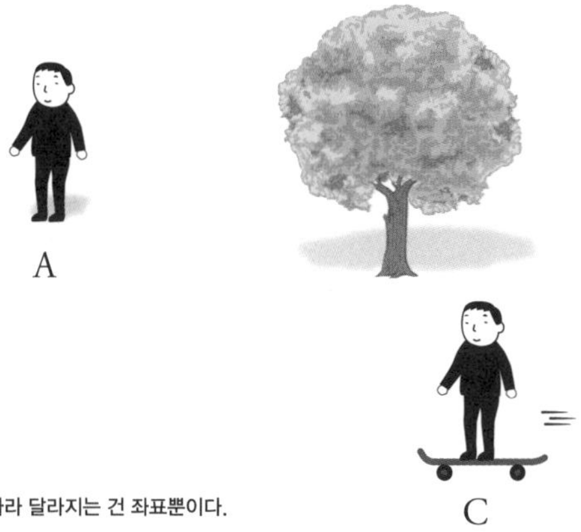

관측자에 따라 달라지는 건 좌표뿐이다.

로여야 한다는 것은 좌표가 달라져도 식 모양은 변함이 없어야 한다는 뜻입니다. A의 좌표로 식을 기술하나 B의 좌표로 식을 기술하나 심지어 시시각각 좌표가 달라지는 C의 좌표로 식을 기술하나 식 모양은 변하지 않아야 합니다. 그리고 A의 좌표를 B의 기준으로 바꾸고, B의 좌표를 C의 기준으로 바꾸면서 바꾼 좌표들 간의 관계를 나타내는 것을 '좌표변환'이라고 합니다. 다시 말해서, 좌표변환이라는 것은 정지한 관측자가 보는 위치와 움직이는 관측자가 보는 위치 사이의 관계를 나타내는 것을 말합니다. 이는 정지한 관측계에 적용되는 평행사변형이라는 법칙이 있다면, 이것을 움직이는 관측계로 좌표변환을 해도 똑같은 모양의 평행사변형이라는 법칙이 나와야 한다는 뜻입니다. 그렇다면 좌표변환을 어떻게 해야 할까요?

좌표변환과 물리 법칙 사이의 관계를 비유적으로 그린 그림. 법칙을 평행사변형이라는 도형으로 표현하고 좌표변환을 원점을 중심으로 한 180° 회전으로 나타냈다. 평행사변형은 그 원점을 중심으로 180° 회전을 시켜도 원래의 모양으로 돌아온다.

우리의 직관과 잘 맞아떨어져 비교적 이해하기 쉬운, 아주 상식적인 좌표변환을 '갈릴리안 좌표변환Galilean transformation'이라고 합니다.

예를 들어 정지한 관측자가 보는 관측 대상의 위치를 x, 움직이는 관측자가 보는 관측 대상의 위치를 x'이라고 하고, 다음 그림의 상황에 적용해봅시다. 중심점에 위치한 (집에서 가만히 있는) 관측자가 보기에 관측 대상인 나무는 중심점으로부터 5m 앞에 있으므로, $x = 5$가 됩니다. 중심점에 주차해 있던 버스가 오른쪽 방향으로 일정한 속도(10m/s)로 움직이면, 버스에 탄 관측자가 보기에 나무의 위치는 어떨까요? 0초, 즉 처음에는 $x = 5$와 마찬가지로 $x' = 5$가 됩니다. 그런데 1초 후에는 버스가 오른쪽으로 10m 움직였으므로, 버스에 탄 관측자가 보기에 나무의 위치, x'은 −5m(=5−10×1)가 됩니다. 2초 후에는 −15m(=5−10×2), 3초 후에는 −25m(=5−10×3)가 된다는 것을 쉽게 알 수

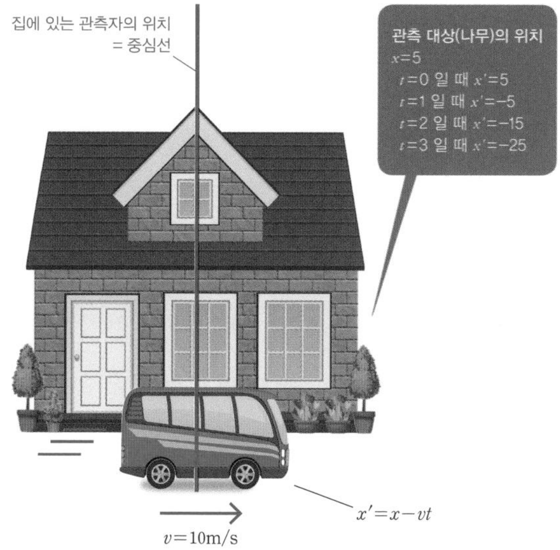

집에 있는 관측자를 중심점으로 삼고 버스가 $+x$ 방향으로 일정한 속도로 움직일 때, 버스에 탄 관측자가 보는 나무의 위치는 항상 집에 있는 관측자가 보는 나무의 위치에서 버스가 움직인 거리만큼 뺀 것이 된다.

있습니다. 즉, 버스에 탄 관측자가 보는 나무의 위치는 항상 집에 있는 관측자가 보는 나무의 위치에서 버스가 움직인 거리만큼 뺀 것이 됩니다($x'=x-10t$).

따라서 정지한 관측계의 위치 좌표와 등속으로 움직이는 관측계의 위치 좌표 사이의 관계식을 $x'=x-vt$라고 표현할 수 있습니다. 이것이 바로 갈릴리안 좌표변환입니다. 이제 정지한 관측계의 좌표와 등속으로 움직이는 관측계의 좌표를 뉴턴의 법칙($F=ma$)에 적용해봅시다. 관측 대상의 질량과 관측 대상에 작용하는 힘은 관측계의 좌표에 따라 달라지지 않습니다. 뉴턴의 법칙을 나타내는 식 항목 가운데 위치 좌표와 유일하게 관계된 건 가속도뿐입니다. 가속도는 위치 좌표를 시간에 대해 이차미분하면 얻을 수 있습니다. 그런데 $x'(=x-10t)$을 시간에 대해 이차미분하면 시간에 대한 일차항이 없어지고 x를 이차미분한 것과 같은 결과가 됩니다. 그러므로 정지한 관측계의 좌표와 등속으로 움직이는 관측계의 좌표에서 뉴턴의 법칙은 동일한 형태임을 알 수 있습니다. 즉, 뉴턴의 법칙을 나타내는 식은 갈릴리안 좌표변환에 의해서 변하지 않습니다. 이것은 관측계의 좌표가 변해도 동일한 현상을 나타내는 물리 법칙은 변하지 않아야 한다는 물리학자들의 신념과 일치했습니다. 물리학자들은 매우 행복했습니다. 그런데 문제가 생겼습니다.

19세기까지 모든 물리학자들은 뉴턴의 법칙과 맥스웰의 법칙은 진리라고 믿었습니다. 따라서 많은 물리학자들은 뉴턴의 방정식이 갈릴리안 좌표변환에 의해 변하지 않는 것처럼 맥스웰의 방정식 역시 갈릴리안 좌표변환에 의해 변하지 않을 것이라고 생각했습니다. 그런데 맥스웰의 방정식에 갈릴리안 좌표변환을 적용하면 이상하게도 그 식 모양이 변했습니다! 여기서부터 물리학자들의 고민이 시작됐습니다. 정지한 관측계든 움직이는 관측계든 물리 법칙은 항상 변하지 않는다는 신념이 틀렸거나, 갈릴리안 좌표변환($x' = x-vt$)이 잘못된 것이므로 뉴턴의 방정식이 틀렸거나, 맥스웰의 방정식이 틀렸거나, 하는 이 세 가지 가능성이 제기되었습니다. 물리학자들은 이러한 사태의 원인에 대한 세 가지 가능성을 두고 고민을 거듭했습니다. 첫 번째 가능성은 거의 고려되지 않았습니다. 이미 말한 바와 같이 정지한 관측계와 움직이는 관측계에서 물리 법칙이 다르다면 서서 구경할 때는 포탄이 목표물에 맞았는데, 똑같은 일을 움직이면서 구경하니 맞지 않더라는 괴상한 일이 벌어져야 하기 때문입니다.

그러던 와중에 헨드리크 로렌츠Hendrik Lorentz, 1853~1928라는 물리학자가 새로운 좌표변환을 만들어냈습니다. 로렌츠가 만들었으므로 '로렌츠 좌표변환'이라고 부르는데, 이 새로운 좌표변환을

뉴턴의 방정식에 갈릴리안 좌표변환을 적용할 경우

맥스웰의 방정식에 갈릴리안 좌표변환을 적용할 경우

갈릴리안 좌표변환이 중심축을 중심으로 180° 회전하는 것이라면, 뉴턴의 방정식은 평행사변형에 비유할 수 있어 갈릴리안 좌표변환을 적용했을 때 방정식의 형태가 변하지 않는다. 하지만 맥스웰의 방정식은 삼각형에 비유할 수 있어 갈릴리안 좌표변환을 적용했을 때 방정식의 형태가 변한다.

맥스웰의 방정식에 적용했더니 식 모양이 변하지 않았습니다. 로렌츠는 맥스웰의 방정식이 변하지 않는 좌표변환을 만들어냈지만, 이것이 무엇을 의미하는지는 몰랐습니다. 나중에 아인슈타인이 로렌츠 좌표변환의 물리적 의미를 제대로 이해하고, 이를 하나의 원리로 발전시켜 상대론을 탄생시켰습니다.

'로렌츠 좌표변환'을 만든 헨드리크 로렌츠.

로렌츠 좌표변환 공식은 갈릴리안 좌표변환 공식에 R이라는 상수가 붙은 것입니다. R을 나타내는 식을 살펴보니 조금 복잡합니다. 일반적으로 R보다 그리스 문자, γ로 주로 표기하지만 복잡한 상수를 좀 더 친근하게 느낄 수 있도록 R로 표기했습니다. R을 나타내는 식에서 v는 움직이는 관측자의 속도이고, c는

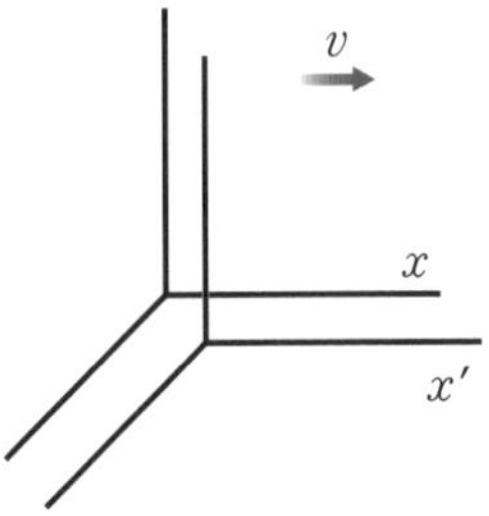

$$x' = x - vt$$: 갈릴리안 좌표변환

$$x' = R(x - vt)$$
$$t' = R\left(t - \frac{vx}{c^2}\right)$$: 로렌츠 좌표변환

여기서 $$R = \frac{1}{\sqrt{1 - \frac{v^2}{c^2}}} > 1$$

갈릴리안 좌표변환과 로렌츠 좌표변환.

빛의 속도입니다. 보통 움직이는 관측자의 속도는 빛의 속도보다 작으므로 $\frac{v^2}{c^2}$은 0과 1 사이의 값이 됩니다. 따라서 1에서 $\frac{v^2}{c^2}$을 뺀 값 역시 0과 1 사이의 값이 되므로 $\frac{1}{\sqrt{1-\frac{v^2}{c^2}}}$은 항상 1보다 크며, 무한대까지 갈 수 있습니다. 움직이는 관측자의 속도가 빛의 속도에 거의 가까워지면, $1-\frac{v^2}{c^2}$은 0에 가까워지므로 R은 무한히 커집니다. 만약 관측자가 빛의 속도보다 빨리 움직이면 어떻게 될까요? 움직이는 관측자의 속도가 빛의 속도보다 빨라지면 R은 허수가 됩니다. 움직이는 관측자의 두 점 사이의 길이는 R에 비례하는데, 그렇다면 그 길이도 허수가 되는 것입니다. 길이가 허수가 된다는 것이 무슨 의미일까요? 움직이는 관측자의 속도가 빛의 속도가 되면 $1-\frac{v^2}{c^2}$은 0이 되고, 빛의 속도로 움직이는 관측자의 길이도 0이 됩니다. 관측자는 원래 일정한 길이를 가지고 있었지만, 관측자의 속도가 점점 빨라지면서 길이는 점점 줄어들고, 관측자의 속도가 빛의 속도가 되면 길이는 0이 되는 것입니다. 더 나아가 움직이는 관측자의 속도가 빛의 속도보다 빨라지면 관측자는 안 보이게 됩니다. 관측할 수 없다는 결론이 나옵니다.

이렇게 해도 우리에게 관측되지 않는다는 것은 존재하지 않는다는 뜻입니다. 즉, 빛보다 빨라지는 일은 있을 수 없다는 뜻입니다. 보이지 않는 것에 대해 왈가왈부하는 것은 물리학에서

의미가 없는 논쟁일 뿐입니다. 그래서 물리학에서는 신은 존재하는가 혹은 우주 끝에 무엇이 있는가에 대해 언급하지 않습니다. 다시 강조하지만, 물체의 속도는 빛보다 빨라질 수 없습니다.

자, 다시 갈릴리안 좌표변환 대 로렌츠 좌표변환 이야기로 돌아갑시다. 다음 그림을 통해 정지한 관측자와 움직이는 관측자의 좌표가 각각의 경우에 어떻게 변환하는지 살펴봅시다. 뉴턴의 법칙은 평행사변형, 맥스웰의 법칙은 삼각형이라고 할 때, 갈릴리안 좌표변환은 180° 회전을, 로렌츠 좌표변환은 거울 반사를 하는 것입니다. 그러면 뉴턴의 법칙은 180° 회전을 해도 식 모양이 똑같게 유지되지만, 거울 반사를 하면 식 모양이 달라집

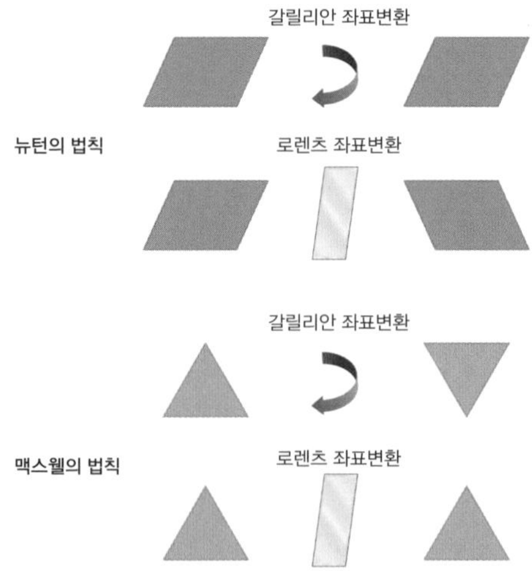

뉴턴의 법칙은 갈릴리안 좌표변환을 적용하면 변하지 않지만, 로렌츠 좌표변환을 적용하면 변한다. 반면 맥스웰의 법칙은 로렌츠 좌표변환을 적용하면 변하지 않지만, 갈릴리안 좌표변환을 적용하면 변한다.

니다. 즉, 로렌츠 좌표변환을 했을 때 정지한 관측자와 움직이는 관측자에게 똑같은 뉴턴의 법칙이 적용되지 않는다는 것입니다.

뉴턴의 법칙이 진리라면, 로렌츠 좌표변환은 틀리고 갈릴리안 좌표변환은 옳다는 결론이 나옵니다. 그렇다면 뉴턴의 법칙만큼이나 진리라고 신봉했던 맥스웰의 법칙은 갈릴리안 좌표변환에 의해 식 모양이 달라지므로 맥스웰의 법칙은 틀렸다는 결론이 나옵니다. 물리 법칙은 정지한 관측자에게나 움직이는 관측자에게나 똑같아야 한다는 게 물리학자의 신념이므로, 아인슈타인은 어느 것을 옳다고 해야 할지를 선택해야 했습니다. 하지만 뉴턴의 법칙과 맥스웰의 법칙은 둘 다 완벽해 보였기 때문에 어느 것 하나를 틀렸다고 주장하는 것은 너무 어려운 일이었습니다. 당시 뉴턴의 법칙을 틀렸다고 주장하는 것은 과학계에서 파문을 당할 수 있는 일이었습니다. 하지만 아인슈타인은 과감히 맥스웰의 법칙에 손을 들어주었습니다.

전기장과 자기장을 다루는 맥스웰의 법칙을 포함한 전자기학은 한마디로 빛의 세계를 다루는 학문입니다. 빛의 속도를 기준으로 하는 상대론이 확립되면서 1900년대 이전에 나온 고전적인 물리 법칙들은 수정되었지만 빛을 다루는 전자기학은 그대로 진리로서 받아들여지면서 살아남았습니다. 그래서 물리학사에서 가장 정교하게 잘 만들어진 법칙으로 맥스웰의 법칙을 꿉습니다. 결과적으로 갈릴리안 좌표변환이 틀렸고, 따라서 뉴턴의 법칙이 틀렸다는 것인데, 그렇다면 뉴턴의 법칙을 어떻게 수정해야 할까요? 로렌츠 좌표변환을 적용할 때 뉴턴의 방정식 모양이 유지되도록 수정하면 될 것입니다. 이 과정에서 길이가 수축된다든지 시간이 느려진다든지 하는 특수한 효과가 나타났습니다. 이처럼 상대론이 나오기까지에는 이론적 갈등이 있었습니다. 한편 실험적으로는 상대론이 탄생하는 데 어떤 것들이 기여했을까요?

마이컬슨-몰리의 실험

19세기 말 물리학자들은 우리가 사는 세계를 거의 다 이해했다고 생각했습니다. 뉴턴의 법칙의 경우, 지구 상에서 벌어지는 거시적인 움직임뿐 아니라 천체의 움직임까지 완벽하게 설명했습니다. 맥스웰의 법칙은 전자기에 관한 모든 현상을 체계적으로 잘 설명하고, 무선통신까지 만들어냈습니다. 물리학자들은 이제 더는 자신들이 할 일이 없다고 생각했습니다. 심지어 뭘 해서 먹고 살아야 할지를 걱정하는 오만함까지 누렸습니다. 몇 가지 사소한 문제들만 해결이 안 된 채로 남았다고 생각했습니다.

빛의 속도가 일정함을 증명해보임으로써 상대론을 실험적으로 뒷받침하게 된 앨버트 마이컬슨(왼쪽)과 에드워드 몰리(오른쪽).

하지만 사소한 문제라고 생각했던 것들은 결코 사소한 것이 아니었습니다. 몇 가지 문제들은 물리학의 패러다임을 바꿀, 양자론과 상대론을 탄생시킨 계기가 되었습니다. 거기에는 마이컬슨-몰리의 실험이 포함되어 있었습니다.

빛의 속도가 일정함을 증명한 마이컬슨-몰리의 실험은 상대론을 탄생시키는 데 결정적으로 기여한 실험이었습니다. 이 실험에서는 중요한 물질로 에테르가 등장합니다. 에테르가 무엇이기에 빛의 실험에 등장하는 걸까요? 당시에도 과학자들은 빛을 파동이라고 생각했습니다. 즉, 빛이 직접 이동하는 것이 아니라 빛을 전달하는 물질이 있어야 한다고 생각했습니다. 이것은 파도가 밀려오는 원리나 소리가 전파되는 원리 등과 같습니다. 파도가 밀려올 때 저 멀리 있는 물 분자들이 직접 오는 게 아니라, 물이 높아졌다 낮아졌다 하는 운동이 오는 것입니다. 소리가 전파되는 원리도 마찬가지입니다. 우리가 말을 하면 옆 사람이 들을 텐데, 이것은 우리 입 앞에 있던 공기 분자가 음파를 싣고 옆 사람에게 초속 340m로 날아가는 것이 아닙니다. 공기 분자들의 떠는 움직임을 통해 음파가 전달되는 것입니다. 즉, 파동이 전달되는 것은 물질 자체가 전달되는 것이 아니라, 물질의 떠는 움직임이 전달되는 것입니다. 1887년 앨버트 마이컬슨 Albert Michelson, 1852~1931과 에드워드 몰리 Edward Morley, 1838~1923는 빛의 경우, 떨면서 빛을 전달하는 물질을 에테르라고 생각하고선 빛의 속도를 측정하는 실험을 진행했습니다. 실험 결과는 그들의 예상과 다르게 나타났습니다. 그들은 날아가는 야구공의 속도를 가만히 서서 측정할 때와 움직이면서 측정할 때 다르듯이, 빛의 속도 역시 관측자의 운동 상태에 따라 다르게 관측될 것으로 생각했습니다. 그런데 빛의 속도는 가만히 서서 측정하거나 움직이면서 측정하거나 언제나 일정했습니다.

여기서 잠깐 짚고 넘어갈 것이 있습니다. 100년도 훨씬 더 전에 이런 실험을 했다는 것이 놀랍지 않나요? 오늘날 알려진 빛의 속도는 초속 30만km로, 1초 동안 무려 지구를 7바퀴 반이나 돌 정도로 대단히 빠릅니다. 증기기관을 사용하던 당시 과학기술로 어떻게 이렇게 빠른 빛의 속도를 측정할 수 있었을까요? 대단한 실험임이 분명하지만, 정교하지 않다는 걸 금방 눈치 챌 수 있을 것입니다. 당연히 당시 과학기술로는 빛의 속도를 직접 측정할 수는 없었습니다. 그러나 빛의 속도를 직접 측정하지 않고도 빛의 속도가 일정하다는 것을 증명했으니, 가히 노벨상을 받을 만한 실험이었습니다.

마이컬슨과 몰리가 한 실험의 기본 원리는 마치 중심에서 양팔에 이르는 길이가 각기 다른 천칭을 가지고 원하는 질량을 측정하기 위한 고민과도 같다고 할 수 있습니다. 자, 여기에 중심에서 한 팔에 이르는 길이가 반대편보다 더 긴 천칭과 1kg짜리 분동이 있습니다. 1kg의 모래가 필요한데, 이걸 가지고 원하는 양만큼의 모래를 잴 수 있을까요? 중심에서 양팔에 이르는 길이가 비대칭인 천칭의 한쪽에 1kg짜리 분동을 올리고, 평형을 이룰 때까지 다른 쪽에 모래를 올려봅시다. 이때 모래 양은 1kg이 아닙니다. 모래를 1kg만 재고 싶다면 어떻게 하면 될까요? 분동을 올렸던 쪽의 분동을 내리고 평형에 다다를 때까지 모래를 올리면 그 모래의 양은 1kg일 것입니다. 불완전한 도구의 오차

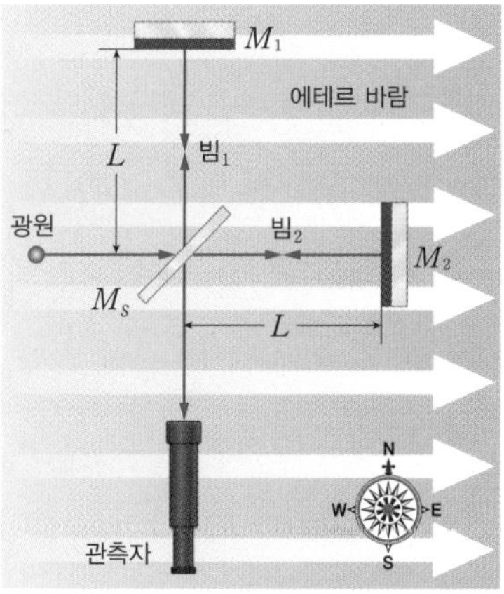

마이컬슨-몰리의 실험 개념도.
M_1, M_2 : 보통 거울(100% 반사)
M_s : 반투명 거울(50% 반사, 50% 투과)

를 상쇄하도록 실험을 설계하는 것입니다! 마이컬슨-몰리의 실험도 비슷한 아이디어에서 착안했습니다.

마이컬슨-몰리의 실험 개념도에서 M_s와 M_1 사이의 길이와 M_s와 M_2 사이의 길이가 L로 같다고 가정하면 간단하게 이해할 수 있습니다. 광원에서 나온 빛은 반투명 거울 M_s에 의해 50%씩 두 경로로 분리되어 진행됩니다. 첫 번째 빛의 진행 경로는 다음과 같습니다. M_s에 의해 반사된 빛(광원의 50%)은 보통 거울 M_1으로 갑니다. 곧이어 M_1에 부딪친 빛은 100% 반사되어 M_s로 돌아옵니다. 그러면 또다시 50%는 반사되어 광원 쪽으로 나가는데, 이건 무시합니다. 나머지 50%는 투과되어 관측자에게 도달하는데, 이것이 우리가 관심을 가져야 할 첫 번째 빛의 진행 경로입니다. 두 번째 빛의 진행 경로는 다음과 같습니다. M_s에 의해 투과되어 나온 빛(광원의 50%)은 곧장 보통 거울 M_2로 갑니다. M_2에 부딪친 빛은 100% 반사되어 M_s로 돌아옵니다. M_s에 의해 50%는 반사되어 관측자에게 도달하는데, 이것이 우리가 관심을 가져야 할 두 번째 빛의 진행 경로입니다(나머지 50%는 그대로 투과되어 광원 쪽으로 나가는데, 이건 무시합니다).

애초에 M_s와 M_1 사이의 길이와 M_s와 M_2 사이의 길이가 같다고 가정했고, 에테르 바람이 불지 않는 상황이라면 각각의 경로를 따라 진행된 두 빛은 동시에 관측자에게 들어옵니다. 두 빛은 동일한 광원에서 출발했으므로, 동시에 들어오는 두 빛은 보강 간섭이 일어나 밝게 보입니다. 이처럼 빛의 간섭 현상을 관측할 수 있는 장치를 간섭계라고 합니다.

만약 서쪽에서 동쪽으로 에테르 바람이 부는 상황이라면 빛의 속도는 느려지는데, 특히 첫 번째 경로보다 두 번째 경로를 진행하는 빛이 관측자에게 더 늦게 도달하게 됩니다. 그러면 이번에는 두 빛이 상쇄 간섭이 일어나 어둡게 보입니다. 따라서 관측자는 에테르 바람이 불 때와 불지 않을 때의 차이를 알 수 있습니다. 실제로 마이컬슨과 몰리는 이런 간섭계(아래 그림에서 빨간색으로 표시한 것)를 가지고 아주 멀리 있는 별에서 오는 빛의 속도를 측정했습니다. 그들은 우주가 에테르로 가득 차 있다고 생각했습니다. 그리고 지구는 서쪽에서 동쪽으로 자전하므로 에테르 바람이 동쪽에서 서쪽으로 부는 효과가 발생한다고 생각했습니다.

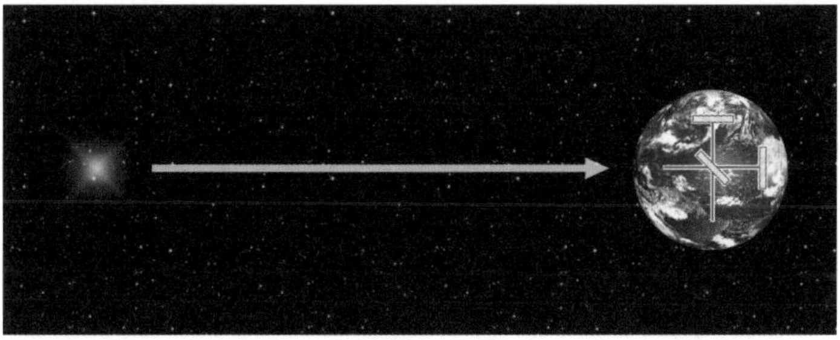

마이컬슨과 몰리는 간섭계를 가지고 아주 멀리 있는 별에서 오는 빛의 속도를 측정했다.

빛이 전달되는 모습이나 에테르의 형상을 볼 수 없으므로 다음과 같은 상황에 비유해서 생각해봅시다. 우주에 에테르가 가득 찬 것처럼, 물이 가득한 바다가 있습니다. 에테르는 가만히 있지만 지구의 자전 때문에 에테르 바람이 분다고 느끼는 것처럼, 바다는 가만히 있는데 관측자가 배를 타고 동쪽에서 서쪽으로 움직이고 있습니다. 그런데 관측자를 고정시키는 상황으로 만들면, 바닷물이 서쪽에서 동쪽으로 흐르는 것으로 생각할 수도 있습니다. 에테르 바람이 서쪽에서 동쪽으로 불 때 서로 수직 방향으로 진행하는 빛의 속도를 비교 측정하는 것처럼, 바닷물이 서쪽에서 동쪽으로 흐를 때 서로 수직 방향으로 진행하는 파

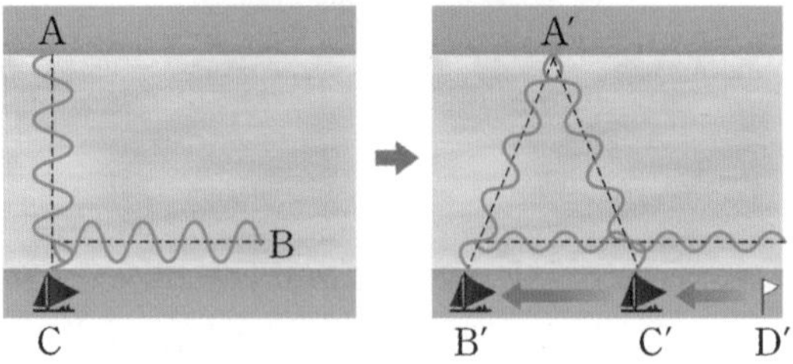

바닷물이 서쪽에서 동쪽으로 흐를 때, 남북 방향으로 진행하는 파도의 속도와 동서 방향으로 진행하는 파도의 속도 비교.

도의 속도를 비교 측정합니다.

즉, 정지한 관측자를 중심으로 바닷물이 서쪽에서 동쪽으로 흐를 때, 한 파도는 A까지 갔다가 벽에 부딪혀서 관측자(C)에게로 돌아오고 또 다른 파도는 B까지 갔다가 벽에 부딪혀서 관측자에게로 돌아오는 상황에서 두 파도의 속도를 비교 측정하는 것입니다. 두 파도가 이동하는 거리가 같을 때, 첫 번째 경로(C→A→C)보다 두 번째 경로(C→B→C)가 더 많은 시간이 걸립니다. 이것은 파도의 관점에서 생각해보면 더 쉽게 이해할 수 있습니다. 바닷물이 서쪽에서 동쪽으로 흐를 때 사실 파도는 C에서 A로 똑바로 갈 수 없습니다. 파도는 직진한다고 해도 바닷물의 흐름에 의해 약간 동쪽으로 쏠리기 때문입니다. 이러한 바닷물이 흐르는 방향을 감안하여 애초에 파도는 약간 서쪽으로 치우쳐서 가야 합니다(C′→A′). 그리고 파도가 벽에 부딪혀서 돌아갈 때도 바닷물의 흐름을 감안하여 약간 서쪽으로 치우쳐서 가야 합니다(A′→B′). 그래야 파도는 원위치(C)로 돌아갈 수 있습니다. 파도가 두 번째 경로를 진행할 때도 마찬가지입니다. 파도가 C에서 B로 갈 때는 바닷물이 흐르는 방향과 일치하므로 더 짧아진 거리(C′→D′)를 가지만, 벽에 부딪혀서 돌아갈 때는 바닷물이 흐르는 방향과 반대이므로 훨씬 더 길어진 거리(D′→B′)를 가야 합니다. 두 경우 모두 바닷물이 흐르지 않을 때에 비해 시간이 오래 걸리지만 후자의 경우가 더 긴 시간이 걸린다는 것을 간단한 계산으로 보일 수 있습니다.

마이컬슨과 몰리는 그들의 실험이 바로 이런 상황이라고 생각했습니다. 즉, 바닷물의 흐름이 파도의 진행에 영향을 미치는 것처럼 에테르 바람은 빛의 진행에 영향을 미치므로, 에테르 바람이 불지 않을 때 관측자에게 도달하는 두 빛은 보강 간섭이 일어나고 에테르 바람이 불 때는 상쇄 간섭이 일어날 것으로 예측했습니다. 그런데 지구는 늘 일정한 방향으로 자전하므로 에테르 바람도 항상 일정한 방향으로 붑니다. 따라서 특정 상쇄 간섭무늬만 관측할 수밖에 없습니다.

마이컬슨과 몰리는 빛이 진행하는 데 에테르 바람의 영향을 받는다는 것을 증명하기 위해 에테르 바람의 방향을 바꾸면서 실험할 방법을 궁리했습니다. 궁리한 끝에 나온 아이디어는 단순하고 확실했습니다. 실험 장치를 90° 돌려서 에테르 바람의 영향을 받는 축을 바꾸는 것이었습니다. 즉, 한 번은 에테르 바람이 서쪽에서 동쪽으로 불 때 두 빛의 속도를 비교 측정하고, 또 한 번은 실험 장치를 90° 돌려서 마치 에테르 바람이 남쪽에서 북쪽으로 부는 것 같은 상황에서 두 빛의 속도를 비교 측정하는 것이었습니다. 그러면 에테르 바람의 방향의 변화에 따라 간섭무늬가 어떻게 다르게 관측될 것인지를 기대할 수 있습니다.

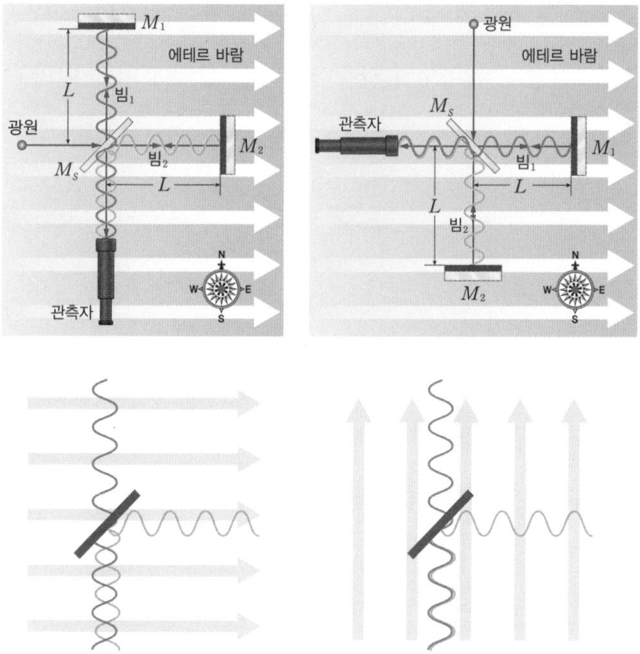

에테르 바람이 불지 않을 때

에테르 바람이 불 때

마이컬슨과 몰리는 에테르 바람이 빛의 진행에 미치는 영향을 알아보는 실험을 고안했다.

마이컬슨과 몰리의 예측대로 각각의 경우에서 간섭무늬가 다르게 관측된다면, 빛의 속도는 에테르 바람의 영향을 받는다는 결론을 내릴 수 있습니다. 그리고 에테르 바람의 방향에 따라 빛의 속도가 달라진다는 것은 다시 말해, 관측자의 운동 상태에 따라 빛의 속도가 달라진다는 그들의 생각이 증명되는 셈이었습니다.

하지만 실험 결과, 두 경우의 간섭무늬 차이는 나타나지 않았습니다. 6개월 후에 다시 실험을 해보았지만, 결과는 달라지지 않았습니다. 이로부터 관측자의 운동 상태에 따라 빛의 속도가 달라지지 않는다는 뜻밖의 사실을 알게 되었습니다.

상대론의 시작

아인슈타인은 맥스웰의 방정식이 로렌츠 좌표변환을 적용했을 때 식 모양이 그대로 유지된다는 것과 마이컬슨-몰리의 실험 결과가 결국은 같은 내용임을 눈치 채고선, 빛의 속도가 관측계의 속도와 무관함을 로렌츠 좌표변환을 이용하여 이론적으로 증명했습니다.

예를 들어 어떤 섬광이 순간적으로 일어났습니다. 1초가 지났을 때 그 빛은 30만km를 이동했을 것입니다. 이것을 구의 방정식($x^2+y^2+z^2=r^2$)으로 표현해봅시다. 원점에서 발생한 빛이 이동한 거리는 구의 반지름, r로 표현됩니다. 즉, 빛이 1초 동안 이동한 거리가 c라면 2초 동안 이동한 거리는 $2c$, 3초 동안 이동한 거리는 $3c$가 되므로, $r=ct$가 됩니다.

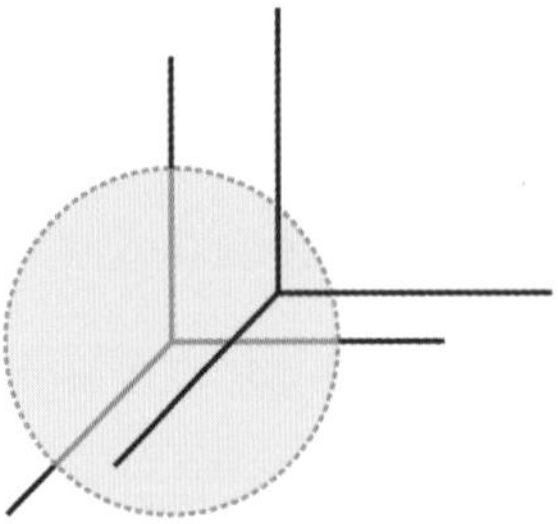

정지한 관측자의 입장에서 이러한 빛의 이동을 식으로 기술하면 $x^2+y^2+z^2=(ct)^2$이 됩니다. 그렇다면 움직이는 관측자의 입장에서 똑같은 빛의 이동을 기술하는 식 모양은 어떻게 될까요? 정지한 관측계의 좌표를 움직이는 관측계의 좌표로 바꾸는 좌표변환을 적용하면 금방 알 수 있습니다. 먼저 갈릴리안 좌표변환을 적용하면, 움직이는 관측자의 입장에서 빛의 이동을 기술하는 식은 $(x-vt)^2+y^2+z^2$이 됩니다. 이 식의 결과는 $(ct)^2$과 다르므로, 갈릴리안 좌표변환에서는 관측자의 운동 상태에 따라 빛의 속도가 달라진다는 것을 알 수 있습니다. 반면 로렌츠 좌표변환을 적용하면, 움직이는 관측자의 입장에서 빛의 이동을 기술하는 식은 $x'^2+y^2+z^2=(ct')^2$(여기서 $x'=R(x-vt)$, $t'=R(t-\frac{vx}{c^2})$)이 됩니다. 이 식은 정지한 관측자의 입장에서 기술한 식과 같은 모양이므로, 로렌츠 좌표변환에서는 관측자의 운동 상태에 상관없이 빛의 속도가 항상 일정함이 성립합니다.

따라서 마이컬슨-몰리의 실험 결과와 딱 맞아떨어지는 것은 로렌츠 좌표변환이고, 아인슈타인은 이러한 로렌츠 좌표변환이 옳다고 한 것입니다. 아인슈타인은 이것을 가지고 우리가 사는 세계를 잘 설명할 수 있다고 믿었고, 하나의 체계적인 이론으로 만들었습니다. 그것이 바로 상대론입니다. 아인슈타인에게 선택받지 못한 뉴턴의 법칙과 갈릴리안 좌표변환은 근사식에 불과했음이 나중에 밝혀졌습니다.

로렌츠 좌표변환이 옳다고는 했지만, 그 식만 가지고는 사실 우리가 로렌츠 좌표변환을 직관적으로 이해하기란 쉽지 않습니다. 그래도 $x'=R(x-vt)$이란 식은 R만 없애면 그럭저럭 이해할 만합니다. 버스를 타고 지나갈 때 나무의 위치가 점점 뒤로 가는 것처럼 보였던 것을 상기해보길 바랍니다. 그런데 $t'=R(t-\frac{vx}{c^2})$이란 식은 정말 이상합니다. 이 식은 똑같은 현상에 대해 움직이는 관측자가 잰 시간과 정지한 관측자가 잰 시간이 서로 다름을 뜻합니다. 로렌츠 좌표변환이 역학에 가져온 이상한 변화는 이뿐만이 아닙니다. 길이가 수축되기도 하고, 시간이 연장되기도 하고, 질량이 증가되기도 합니다. 이 모든 것은 특수상대성이론에서 나타나는 대표적인 현상들로, 과학적 진리임이 틀림없습니다. 그럼에도 불구하고 여전히 공상과학으로 여기는 이유는 우리가 세상의 참모습을 오해하고 있기 때문입니다. 누구나 한 번쯤은 '나는 왜 죽어야 하는가?'를 고민합니다. "That's the life"라는 유명한 말이 있는데, 이 말은 원래 죽음이 예정되어 있다는 뜻입니다. 내가 왜 죽어야 하는가에 대한 고민은 내가 계속 살아 있어야 한다는 것을 가정하기 때문에 생겨난 것입니다. 태어난 생명체는 모두 죽기로 되어 있다면 죽음을 고민할 필요가 없습니다. 오히려 죽지 않는 게 이상하고, 왜 죽지 않는지를 고민해야 하는 것입니다. 우리는 보라색만 봐서 색에 대한 개념이 없는 벌레인데, '왜 세상에는 색이 있을까?'를 고민한다는 건 말이 되지 않습니다. 원래 색은 있지만, 우리가 다양한 색을 보지 못해서 색에 대한 개념이 없기 때문에 색을 이상하게 느끼는 것입니다. 이건 절대 공상과학이 아닙니다.

길이 수축과 시간 연장

특수상대성이론에서 나타나는 현상 가운데 길이 수축 현상을 이해해봅시다. 길이란 두 점 사이의 거리입니다. 예를 들어 연필의 길이는 자를 이용하여 뾰족한 연필심의 눈금을 읽고 뭉툭한 끝 부분의 눈금을 읽어서 간단히 알아낼 수 있습니다. 그런데 연필처럼 정지한 대상이 아닌 물고기처럼 움직이는 대상의 길이는 어떻게 측정할 수 있을까요? 역시 자를 이용하여 입과 꼬리의 눈금을 각각 읽어서 물고기의 길이를 측정하면 될까요? 한 부위의 눈금을 읽을 동안 물고기는 움직여 저만큼 이동할 테고, 그렇다면 물고기가

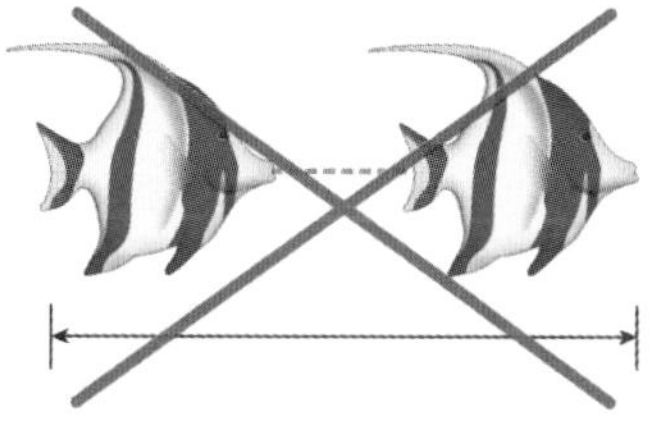

이동한 후 다른 부위의 눈금을 읽게 되므로 이렇게 측정한 길이는 엉터리일 수밖에 없습니다. 즉, 길이를 측정할 때는 위치가 다른 두 점($x_1 \neq x_2$)을 동시에 측정($t_1 = t_2$)하는 것이 중요합니다.

움직이는 관측자가 측정하는 관측 대상의 길이는 로렌츠 좌표변환을 이용하여 나타낼 수 있습니다. 정지한 관측자가 측정하는 물체의 양 끝점의 좌표를 x_1, x_2라고 하고, 움직이는 관측자가 측정하는 물체의 양 끝점의 좌표를 x_1', x_2'이라고 하면, 로렌츠 좌표변환식은 다음과 같이 쓸 수 있습니다.

$$x_1' = R(x_1 - vt_1)$$
$$x_2' = R(x_2 - vt_2)$$

길이는 두 좌표 사이의 거리이므로 위의 두 식의 차이를 구하면 됩니다. 이때 양 끝점을 동시에 측정하니까 t_1과 t_2는 똑같은 값을 가지게 되어 두 식의 차이는 다음과 같이 나옵니다.

$$\Delta x' = R\Delta x$$

움직이는 관측자가 측정하는 길이 $\Delta x'$은 정지한 관측자가 측정하는 길이 Δx에다가 R을 곱하면 간단히 구할 수 있습니다.

Δx : 서 있는 사람이 움직이는 물고기를 측정한 길이

$\Delta x'$: 물고기와 같이 움직이는 사람이 측정한 길이

여기서 R은 항상 1보다 큰 값을 가진다는 것을 다시 한 번 명심하길 바랍니다. 이제 위의 식을 이용하여 움직이는 관측자가 측정하는 움직이는 물고기의 길이($\Delta x'$)를 구할 수 있습니다. 만약 관측자와 물고기가 똑같은 속도로 등속 운동을 할 때 측정하는 길이는 관측자와 물고기가 모두 정지한 상태에서 측정하는 길이와 똑같을 것입니다. 이 길이를 '고유 길이' 또는 '원래 길이'라고 합니다. $\Delta x' = 10$이고 $R = 2$라면, $\Delta x = 5$가 됩니다. 길이가 줄어들었습니다! 참고로 애초에 로렌츠 좌표변환을 적용할 때 x축 방향으로만 정의했으므로, x축과 수직 방향인 y축, z축에는 영향이 없습니다.

Δx는 정지한 관측자가 측정하는 움직이는 물고기의 길이임을 떠올려봅시다. 움직이는 물체를 관측할 때 그 길이가 줄어드는 것처럼 보입니다. 그런데 '줄어드는 것처럼'이 아니라 실제로 '줄어듭니다.' 물론 이 과정에서 원자들의 배열이 바뀌거나 다른 원자로의 변환은 절대 일어나지 않습니다. 우리가 관측하는 것은 항상 그 자체가 사실입니다. 움직이는 물체를 관측할 때 항상

물체가 움직일 때, 그 길이는 어떻게 될까?

길이가 줄어드는 것으로 관측되는 것은 실제로 길이가 줄어들기 때문입니다. 다른 예를 들어 좀 더 생각해봅시다. 여기 집 앞에 버스가 한 대 서 있습니다. 버스가 왼쪽으로 달리기 시작합니다. 이 상황을 집에 있는 관측자가 보면, 버스가 오른쪽으로 달리면서 버스의 길이가 줄어드는 것으로 보입니다. 반대로 버스에 탄 관측자의 입장에서는 집이 오른쪽으로 이동하면서 집의 길이가 줄어드는 것으로 보입니다. 물체가 움직일 때 길이가 줄어드는 현상이 이제 이해되나요?

그렇다면 재미있는 퀴즈를 하나 내보겠습니다. 본래 길이가 4m인 차고와 5m인 버스가 있습니다. 이 버스가 굉장히 빠른 속도로 달리면 과연 차고 안에 들어갈 수 있을까요? 이것도 역시 관점에 따라 차근차근 생각해봅시다. 차고 입장에서는 버스가 빠른 속도로 달려오므로 버스의 길이가 한 3m로 줄어들어 버스가 차고 안에 들어갈 수 있을 것 같습니다. 하지만 버스 입장에서는 차고가 엄청난 속도로 버스를 향해 돌진해오므로 차고의 길이가 한 2m로 줄어들어 버스가 차고 안에 들어가기에 차고가 턱없이 좁아지는 일이 벌어질 것입니다. 그야말로 말도 안 되는 상황입니다. 버스가 차고 안에 들어가든지, 들어가지 못하든지, 둘 중 하나로 판가름날 결론이 어떻게 관측자의 입장에 따라 달라질 수 있을까요? 그렇습니다. 물체가 움직일 때 길이가 줄어드는 현상만 놓고 보면, 이 상황은 모순입니다. 즉, 길이 수축 현상만 가지고는 이 문제를 해결할 수 없습니다. 이 문제는 소위 '동시성 문제'라고 해서, 길이가 수축되는 현상뿐 아니라 시간이 연장되는 현상까지 복합적으로 고려해야 합니다. 시간 연장도 특수상대성이론에서 나타나는 현상인데, 시간 연장이란 어떤 현상인지 길이 수축 현상과 비교해서 알아보겠습니다.

앞에서 정지한 관측자가 측정하는 물체의 양 끝점의 좌표를 x_1, x_2라 하고, 움직이는 관측자가 측정하는 물체의 양 끝점의 좌표를 x_1', x_2'이라 하면, 로렌츠 좌표변환에 의해 $x_1' = R(x_1 - vt_1)$, $x_2' = R(x_2 - vt_2)$이 되는 것을 살펴봤습니다. 길이 측정은 정지한 관측계에서 관측 대상의 양 끝점의 좌표를 동시에 측정해야 하므로 t_1과 t_2를 같게 놓았습니다. 그랬더니 움직이는 물체의 길이가 수축하는 현상이 나타났습니다. 그렇다면 시간 간격 측정은 어떻게 하는 걸까요? 물체와 같이 움직이는 관측자가 봤을 때, 그 물체의 처음과 나중 위치는 같습니다. 즉, x_1'과 x_2'을 같게 하고선 시간 간격을 측정하는 것입니다.

$$t_1' = R(t_1 - \frac{vx_1}{c^2})$$
$$t_2' = R(t_2 - \frac{vx_2}{c^2})$$

예를 들어 우주선을 타고 우주여행을 하는 사람의 시간은 느리게 간다고 합니다. 어떻게 그런 일이 가능한지 알아보기 위해, 우주선 안에 있는 사람(관측 대상)을 계속 관측하기로 합니다. 관측 대상은 우주선과 함께 계속 이동하므로 관측자가 어느 한 자리에 붙박이로 서서 관측할 수는 없습니다. 즉, 우주선의 좌표와 관측 대상의 좌표가 같이 움직이므로, 관측자는 정지한 관측계가 아닌 움직이는 관측계(우주선)에서 관측 대상의 위치가 변하지 않는다는 사실을 이용해 걸리는 시간을 측정할 수밖에 없습니다. 따라서 x_1'과 x_2'을 같게 해놓고 위의 두 식의 차이를 구해 시간 간격을 측정하는 것입니다. 그런데 위의 식에는 x_1'과 x_2'이 들어 있지 않으므로 먼저 위의 식을 x_1'과 x_2'이 들어 있

ⓒ윤성중

는 식으로 고칩니다. 복잡한 계산 과정을 거치기보다 로렌츠 좌표변환식을 다시 한 번 눈여겨봅시다.

x'과 t'에 대한 식을 각각 x와 t에 대한 식으로 바꿔 쓸 수 있는데, 이때 괄호 안의 마이너스 부호를 플러스 부호로 바꾸기만 하면 됩니다. 왜냐하면 x'좌표 입장에서는 x좌표가 $-v$로 이동하는 일이 x좌표 입장에서는 상대적으로 x'좌표가 $+v$로 이동하는 일과 똑같기 때문입니다. t에 대한 식을 보면 x'이 들어 있으므로, 이 식을 활용하여 우리가 구하고자 하는 시간 간격을 구할 수 있습니다. 즉, t_1과 t_2에 대하여 다음과 같은 식을 도출할 수 있습니다.

$$t_1 = R(t_1' + \frac{vx_1'}{c^2})$$
$$t_2 = R(t_2' + \frac{vx_2'}{c^2})$$

x_1'과 x_2'이 같을 때 위의 두 식의 차이를 구하면, $\Delta t = R\Delta t'$이 됩니다. 여기서 Δt는 정지한 관측자가 측정하는 시간 간격이고, $\Delta t'$은 움직이는 관측자가 측정하는 시간 간격입니다. 예를 들어 $R=2$이고 $\Delta t = 10$이면 $\Delta t' = 5$가 됩니다. 어떤 물체의 움직임을 관측할 때, 그 물체와 같이 움직이는 관측자가 보기에는 5초 만에 일어난 일이 정지한 관측자의 입장에서는 10초나 걸리

는 것으로 보입니다. 이처럼 R은 항상 1보다 큰 값을 가지므로, $\Delta t'$은 항상 Δt보다 작은 값이 나옵니다. 다시 말해, 정지한 관측자의 눈에는 관측 대상의 움직임이 마치 슬로 영상처럼 늘어져 보이고, 관측 대상과 같이 움직이는 사람의 시계 또한 느리게 가는 것으로 관측됩니다. 결과적으로 움직이는 관측계의 시간이 연장되는 현상이 나타납니다. 따라서 지구에 사는 우리가 10년 나이 들 동안 우주선을 타고 우주여행을 하는 사람은 5년밖에 나이 들지 않는 셈이므로, 정지한 관측계의 시간보다 움직이는 관측계의 시간이 더 천천히 가는 것입니다.

사실 이 이야기는 쌍둥이 패러독스에서 비롯된 것입니다. 지구인의 입장에서 우주선을 탄 우주인이 나이를 더 천천히 먹는 일이 일어난다면, 상대성 원리에 근거하여 우주선을 탄 우주인의 입장에서는 지구인이 나이를 더 천천히 먹는 일이 일어날 것입니다. 그렇다면 우주여행을 마치고 10년 후에 지구로 돌아온 우주인과 지구인이 만난다면 서로 어떤 모습일까요? 누가 더 젊을까요? 대답하기 곤란한가요? 그래서 이 문제를 패러독스라고 부릅니다. 적절한 답은 '그들은 만나지 못하므로 애초에 문제가 성립되지 않는다'입니다. 계속 일정한 속도로 서로가 반대 방향으로 나아가기 때문에 지구인과 우주인은 서로 멀어질 뿐 만날 수 없습니다. 우주인이 지구로 되돌아오려면 둘 중 하나가 운동 방향을 바꾸는 가속을 해야 하는데, 특수상대성이론에서는 가속의 경우는 다루지 않습니다. 가속이 등장하는 건 일반상대성이론입니다. 따라서 특수상대성이론으로 이 문제에 접근하면, 가속되는 일은 일어나지 않으므로 지구인과 우주인은 서로 만날 일이 없다는 결론이 나옵니다. 그런데도 지구인과 우주인이 다시 만나게 될 때의 상황이 궁금하다면 일반상대성이론을 접하길 바랍니다.

지금까지 특수상대성이론에서 나타나는 현상으로 길이 수축과 시간 연장을 알아봤는데, 이 두 가지 현상은 따로따로 나타나지 않습니다. 굉장히 빠른 속도의 세상에서는 이 두 가지 현상이 동시에 나타나기 때문에 세상이 조화롭게 유지되는 것입니다. 예를 들어 빛의 속도에 가깝게 움직이는 세상이 있습니다. 그 세상에서 일어나는 일상의 단면을 살펴보니 역과 역 사이를 자전거로 움직이는 사람의 모습이 포착됐습니다. 두 역 사이의 거리는 이 사람이 자전거를 타고 천천히 갈 때 30분 정도 걸리는 거리입니다. 이제 자전거를 탄 사람이 페달을 힘차게 밟아 빨리 움직이기 시작합니다. 이 광경을 조금 떨어져 서서 관측하는 사람의 입장에서 보면, 자전거 길이가 줄어들고 자전거를 탄 사람의 시간은 천천히 흘러갑니다. 결국 자전거를 탄 사람은 30분도 안 걸려서 도착합니다. 자전거를 탄 사람의 입장에서는, 자신이 페

거리 단축과 시간 연장 현상이 동시에 일어나야 관측자의 운동 상태에 상관없이 똑같은 결론이 얻어진다.

달을 힘차게 밟을수록 역과 역 사이의 거리가 줄어들어서 빨리 도착하는 것으로 생각할 것입니다.

그런데 이 상황을 좀 더 자세히 들여다보면, 뭔가 이상하다는 것을 알아차릴 수 있습니다. 자전거를 빨리 움직여서 30분 걸릴 거리를 15분 만에 갔는데, 자전거를 탄 사람의 시계로는 10분밖에 걸리지 않았습니다. 서서 관측하는 사람이 보기에는 자전거를 타고 빨리 움직이는 사람의 시간은 더 느리게 가므로 이상할 게 없습니다. 하지만 자전거를 탄 사람의 입장에서 생각해보면 그렇지 않습니다. 역과 역 사이의 거리 곳곳에 시계가 놓여 있다고 하면, 자전거를 탄 사람이 봤을 때 분명 거리의 시계들이 자신의 시계보다 더 느리게 갔는데, 막상 역에 도착하고 보니 역 시계가 자신의 시계보다 더 빨리 간 것입니다. 자전거를 탄 사람의 시계가 10분이 지났다면, 역의 시계는 5분 정도만 지났어야 하는데, 15분이나 지난 것입니다. 어떻게 된 일일까요? 이것은 마치 2시에 만나기로 하고 시간에 맞춰 약속 장소에 나갔더니, 약속 장소 시계가 3시를 가리키고 있는 상황과 마찬가지입니다. 손목시계는 2시인데 약속 장소 시계는 3시라면, 도대체 뭐가 문제일까요? 바로 약속 장소 시계가 고장 난 것입니다. 약속 장소로 가는 내내 길거리 시계들은 느리게 가는 걸 봤기 때문에 약속 장소 시계가 갑자기 빨리 가는 일은 일어날 수 없습니다. 그렇다면 이 문제의 원인은 단 한 가지 경우뿐입니다. 애초에 약속 장소 시계가 잘못 맞춰져 있었던 것입니다. 즉, 12시를 가리켜야 하는 시계가 2시에 맞춰져 있었던 것입니다. 이제 이 상황이 동시성 문제라는 걸 눈치 챘나요?

그러니까 출발역 시계와 도착역 시계가 똑같지 않고, 도착역 시계가 10분 더 빨리 간 것으로 되어 있었던 상황입니다. 두 역 시계를 똑같은 시간으로 맞추려면 어떻게 해야 할까요? 우선 사람 한 명을 출발역에 세우고 또 한 명을 도착역에 세웁니다. 두 역 사이의 거리가 버스로 5분 걸린다면, 버스가 12시 정각에 출발해서 도착할 때 도착역에 서 있는 사람이 역 시계를 12시 5분에 맞추면 됩니다. 물론 이때 출발역 시계는 12시 5분을 가리킵니다. 이렇게 하면 두 역 시계를 똑같은 시간으로 맞출 수 있습니다. 실제로 빛을 감지하여 이런 식으로 시간을 맞추면 될 것 같습니다. 즉, 한쪽에서 12시 정각에 빛을 출발시키면 빛이 30만km를 날아가는 데 1초가 걸리므로, 30만km 떨어진 다른 쪽에서 빛을 감지하는 즉시 12시 0분 1초로 시간을 맞추는 것입니다. 요즘은 이런 원리를 이용하여 GPSglobal positioning system, 위성항법장치로 시계의 시간을 맞춥니다. 그런데 이것 역시 움직이는 사람 입장에서는 문제가 있어 보입니다. 왜냐하면 움직이는 관측자가 보기에는 로렌츠 좌표변환($x' = R(x-vt)$, $t' = R(t-\frac{vx}{c^2})$)에 의해

이 상황은 보는 사람에 따라서 동시일 수도, 동시가 아닐 수도 있기 때문에 이상한 일이 벌어지는 동시성 문제이다.

움직이면 길이, 시간이 달라지기 때문입니다. 즉, 출발 지점에서 빛을 보내고 도착 지점에서 빛을 받는 사이, 움직이는 관측자가 보기에는 출발 지점과 도착 지점의 시간이 달라집니다. 그런데 양쪽 시간을 똑같이 맞춰 놓으면 오히려 시계를 틀리게 조정해놓은 꼴이 됩니다.

그래서 시간을 맞출 때는 이런 상대성 효과를 반드시 고려해야 합니다. 위치와 시간에 대한 상대성 효과를 보정하기 위해 손목시계나 GPS 등에 신호를 보내줄 인공위성은 하나가 아닌 세 개를 씁니다. 인공위성으로부터 빛의 속도로 정보를 수신하는데, 세 개의 인공위성으로부터 받는 정보의 시간 차이를 이용해 위치를 정확히 알아낼 수 있습니다.

이처럼 동시성 문제는 결코 만만한 문제가 아닙니다. 길이 수축이나 시간 연장 현상을 이해할 때, 시간이나 위치 중 어느 한 변인을 일정하게 고정시켜 상황을 단순하게 만들었기 때문에 비교적 이해하기가 쉬웠습니다. 길이가 수축되는 현상을 관측할 때는 동시에 두 점 사이의 거리를 측정했고, 시간이 연장되는 현상을 관측할 때는 같은 위치에서 시간 간격을 측정했습니다. 그런데 시간과 위치 두 변인이 모두 달라지면 상황이 복잡해집니다. 예를 들어 시간에 대한 로렌츠 좌표변환식을 다시 봅시다.

$$t_1 = R(t_1' + \frac{vx_1'}{c^2})$$
$$t_2 = R(t_2' + \frac{vx_2'}{c^2})$$

위의 두 식의 차이를 구하면 $\Delta t = R(\Delta t' + \frac{v\Delta x'}{c^2})$가 됩니다. 동시에 측정($t_1 = t_2$)할 때는 Δt가 0이 되어 없어지므로 $\Delta x'$에 의한 시간차가 생기고, 같은 위치에서 측정($x_1' = x_2'$)할 때는 $\Delta x'$이 0이 되어 없어지므로 Δt에 의한 시간차가 생깁니다. 그런데 만약 Δt와 $\Delta x'$이 모두 0이 아닌 채 남아 있으면, $\Delta t'$은 음수가 될 수도 있고, 양수가 될 수도 있습니다. 즉, 관측계에 따라 관측 순서가 바뀌는, 이상한 일이 발생하는 것입니다. 하지만 인과는 바뀔 수 없습니다.

지금까지 '역 시계 맞추기'에 대한 이야기는 사실 조지 가모George Gamow, 1904~1968라는 사람이 쓴 『신비한 나라의 톰킨스 씨*Mr. Tompkins in wonderland*』에 나오는 내용입니다. 이 책은 『이상한 나라의 앨리스*Alice's adventures in wonderland*』를 연상하게 하는데, 동화 형식을 빌어 대중에게 쉽고 재미있게 상대론을 설명한 책입니다. 상대론을 소재로 한 창작 동화이다 보니, 간혹 과학과는 거리가 먼 단순한 판타지이지 않을까라고 노파심을 갖는 사람들이 있을 것입니다. 하지만 그건 기우에 지나지 않습니다. 조지 가모는 빅뱅 이론을 만들어 우주의 기원을 밝힌, 인류의 지성사에 길이 남을 위대한 학자입니다. 그의 주요 업적을 꼽자면 빅뱅 이론을 만든 것과 더불어 이 책을 쓴 것이라고 감히 말할 수 있습니다. 『신비한 나라의 톰킨스 씨』에 다음과 같이 동시성 문제와 관련된 내용이 나옵니다.

주인공인 '나'는 삼촌과 삼촌의 아들인 사촌과 함께 기차를 타고 여행길에 오른다. 삼촌은 내 앞칸에 탔고, 사촌은 내 뒤칸에 탔다. 갑부인 삼촌은 생전에 미리 다음과 같은 유언장을 써놓았다. "내가 죽으면 내 아들에게 모든 재산을 물려준다. 그런데 아들이 죽었다면, 내 조카(주인공)에게 모든 재산을 물려준다." 기차를 타고 가다가 삼촌과 사촌이 총에 맞는 사건이 벌어졌고, 삼촌과 사촌은 그 자리에서 그만 죽고 말았다. 이때 삼촌이 먼저 죽었다면, 당

시 사촌이 살아 있으므로 사촌은 삼촌의 재산을 몽땅 물려받는다. 하지만 곧이어 사촌도 죽으므로 삼촌의 막대한 재산은 국가로 환원될 것이다. 그런데 사촌이 먼저 죽었다면, 삼촌이 숨을 거둘 때 사촌이 이 세상에 존재하지 않기 때문에 내가 삼촌의 재산을 몽땅 물려받게 된다. 그래서 나는 총성이 먼저 뒤칸에서 들렸고, 나중에 앞칸에서 들렸다고 주장한다. 반면 기차 바깥에 서 있는 역무원은 총성이 먼저 앞칸에서 들렸고, 나중에 뒤칸에서 들렸다고 주장한다.

책에서는 이 문제로 재판이 열리는데, 재판관이 상대론을 잘 아는 사람이라면 두 사람 모두 거짓말하지 않았다는 것을 알 것입니다. 어떤 계에서 관측하느냐에 따라서 사건의 순서가 바뀔 수 있음을 이해했을 테니 말입니다. 즉, $\Delta t'$이 음수일지라도(주인공이 보기에 뒤칸에서 총성이 울린 사건이 앞칸에서 총성이 울린 사건보다 빨리 일어났을지라도) Δt는 양수일 수 있습니다(역무원이 보기에 앞칸에서 총성이 울린 사건이 뒤칸에서 총성이 울린 사건보다 빨리 일어났을 수 있습니다). 상대성이론의 세상에서는 이런 일이 가능합니다.

이제 앞에서 풀지 못했던 4m인 차고에 5m인 버스 넣기 문제를 다시 살펴보겠습니다. 이 문제 또한 동시성 문제라고 했습니다. 분명 이 광경을 멀찌감치 떨어져 서서 관측하는 사람(정지한 관측계)이 보기에는, 버스가 굉장히 빠른 속도로 차고를 향해 달리면 버스의 길이가 수축해서 차고 안에 쏙 들어갈 것입니다. 버스 입장(움직이는 관측계)에서도 똑같은 결론을 얻으려면 어떻게 하면 될까요? 버스가 빨라서 눈대중으로는 차고에 들어갔는지 아닌지 확인하기 어려우므로 차고문이 열리고 닫히는 동작을 이용해보기로 합니다.

정지한 관측계에서 버스가 차고 안으로 들어간다는 것을 증명하기 위해서 차례대로 차고 문을 열고 닫는 것을 생각해봅시다. 버스가 차고 문턱까지 오면 입구를 엽니다. 버스 전체가 차고 안으로 다 들어오면 입구를 닫습니다. 버스가 출구에 아주 가까워지면 출구를 엽니다. 버스 전체가 차고 밖으로 다 빠져나가면 출구를 닫습니다. 만약 차고 양쪽 문이 모두 닫혔을 때 차고 안에 버스가 들어 있는 순간이 있다면, 버스가 차고 안으로 들어길 수 있다고 말할 수 있습니다. 움직이는 관측계에서는 버스가 빠른 속도로 달리면 차고의 길이가 수축해서 물론 차고 안에 들어갈 수 없습니다. 그러나 정지한 관측자가 차고 앞뒤 문을 차례로 열고 닫고 했을 때 버스가 차고 문에 부딪히지 않았다면 움직이는 관측계에서도 역시 부딪히는 일은 없어야 합니다. 이는 다음과 같이 동시성의 원리에 의해 앞뒤 문이 열리고 닫히는 순서가 바뀌어 가능해집니다. 버스가 차고 입구에 다다르면 입구가 열립니다. 버스가 입구를 통과해서 출구에 가까워지면 출구가 열립니다. 버스 전체가 입구를 다 통과하면 입구가 닫힙니다. 버스 전체가 출구를 다 통과하면 출구가 닫힙니다. 결과적으로 정지한 관측계에서나 움직이는 관측계에서나 똑같이 버스가 차고에 부딪히는 사고가 나지 않고, 무사히 차고 안으로 들어갔다가 밖으로 나올 수 있는 것입니다. 이처럼 동시성 문제는 관측계에 상관없이 일관성 있는 결론이 얻어집니다.

자기장은 전기장의 상대론적 효과다

상대론의 가장 중요한 공식으로 $E = mc^2$이 있습니다. 이 식은 한마디로 질량과 에너지가 서로 변환될 수 있음을 뜻합니다. 원자폭탄이 터지고 나면 우라늄 등 원소의 질량이 약간 줄어듭니다. 줄어든 질량은 미세할지라도 이 질량에 빛의 속도의 제곱을 곱하면 에너지로 변환되는 양은 막대해집니다. 따라서 원자

폭탄의 파괴력은 자칫 지구 멸망을 가져올 수 있을 정도로 위협적입니다. 하지만 $E = mc^2$을 생산적인 방향으로 잘 이용하면, 거꾸로 에너지로부터 쓸모 있는 질량을 만들 수도 있습니다. 즉, 허공에서 물체를 만들어낼 수 있습니다. 한 번에 많은 양의 질량을 만들지는 못하지만, 이것은 현재 물리적으로 가능한 일입니다.

이처럼 보이지 않는 에너지와 보이는 물질이 서로 변환될 수 있음을 나타내는 $E = mc^2$이란 식은 불교 경전에 나오는 '색즉시공色卽是空, 공즉시색空卽是色'과도 일맥상통합니다. '공空'과 '무無'는 물리적으로 다릅니다. 무는 정말 아무것도 없음을 일컫지만, 공은 우리 눈에 보이지 않을 뿐, 에너지로 가득 찬 공간입니다. 따라서 전기장, 자기장 같은 장은 공의 일종이라 할 수 있습니다.

지난 시간에 자기장은 전기장의 상대론적 효과로 생겨난다고 했던 것을 잠깐 떠올려봅시다. 다음의 그림처럼 전류가 흐르는 도선이 있고 도선에서 약간 떨어진 곳에 양전하 한 개가 도선과 평행한 방향으로 움직이고 있는 상황을 생각해봅시다. 왼쪽 그림에서 전류(양전하의 흐름, I)가 왼쪽으로 흐르면 정지한 관측자가 보기에는, 앙페르의 오른나사 법칙에 의해 오른손이 감아쥐는 방향(도선 위쪽에서는 지면에 수직으로 들어가는 방향)으로 자기장(B)이 생깁니다. 도선의 위쪽에서 오른쪽으로 진행하고 있

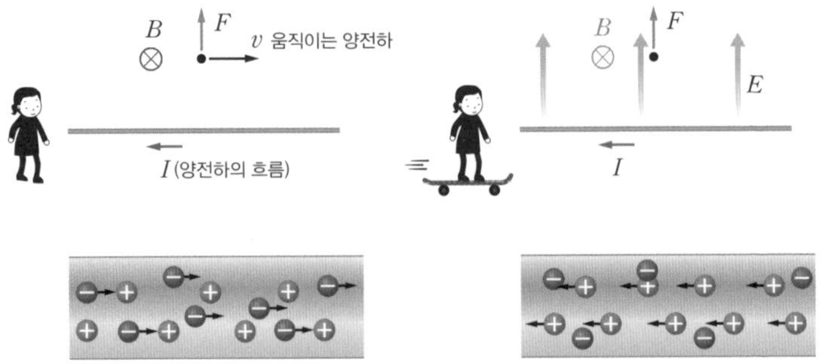

전기장의 상대론적 효과로 자기장이 생겨난다는 것은 전기장과 자기장의 본질이 궁극적으로 같음을 의미한다.

는 양전하는 위쪽으로 힘을 받습니다. 논의를 간단히 하기 위해 이 양전하는 도선의 음전하들과 같은 속도로 움직이고 있다고 합시다. 그런데 오른쪽 그림처럼 관측자가 이 양전하와 똑같은 속도로 움직인다면 움직이는 관측자의 눈에는, 도선 내의 음전하는 움직이지 않고 양전하가 왼쪽으로 움직이는 것으로 보일 것입니다. 따라서 정지한 관측계와 똑같이 왼쪽으로 흐르는 I는 형성되지만, 도선 위에 위치한 양전하는 움직이지 않으므로 자기력 F가 작용할 리 없습니다. 하지만 정지한 관측계에서나 움직이는 관측계에서나 F가 작용하는 일은 똑같이 일어나야 합니다. 움직이는 관측계에서 도선 내부를 자세히 들여다보면 신기한 일이 일어나고 있습니다. 서 있는 음전하들 사이로 양전하들이 움직이면서 양전하들 사이의 거리가 상대적으로 줄어들어 도선의 단위 길이당 양전하가 차지하는 비율이 음전하보다 커집니다. 그래서 도선은 양전기로 대전되어 y축 방향으로 전기장이 만들어지고, 정지한 관측계에서와 똑같이 위쪽으로 F가 작용하는 일이 일어납니다. 즉, 한 관측계에서 볼 때는 자기장에 의해 힘을 받는 일이 다른 관측계에서 볼 때는 전기장에 의해 힘을 받는 일이 되는 것입니다. 전기장에 의한 효과가 관측계가 달라지면 자기장에 의한 효과로 설명될 수 있다는 것은 전기장과 자기장의 본질이 궁극적으로 똑같음을 의미합니다.

이순칠

카이스트 물리학과

1부 **전자기 :** 전하가 움직이면 복잡해진다

2부 **상대론 :** 우리가 만약 빛의 속도로 달린다면?

3부 **양자역학** : 빛과 물질의 이중성

4부 **물리학자와 함께하는 상상초월 토크 콘서트**

많은 과학자들이 인정하는 사실은 양자역학을 이해할 수 없다는 사실이다. 알긴 하지만 이해하지는 못한다(아는 것과 이해하는 것은 다르다). 양자역학의 기본 가설에 따르면, 삼라만상은 물질이며 동시에 파동이다. '물질=파동'은 실험으로 알아낸 사실이다. 파동의 모든 성질은 중첩에서 온다. 슈뢰딩거의 고양이 예처럼, 이 성질을 적용하면 이상해지기 시작한다. 덧붙여 이 강의는 최근 노벨상 후보 분야로 가장 뜨고 있는 양자컴퓨터, 양자암호통신 등 양자정보과학을 소개하고자 한다.

3부
양자역학
빛과 물질의 이중성

이번 시간은 당구 이야기로 시작하겠습니다. 당구 게임이 재미있는 이유는 당구공끼리 충돌하면 당구공들이 항상 수직으로 나아가기 때문입니다. 그리고 당구공은 단단하고 표면이 매끄러워서 당구공끼리 충돌하고 나면 전체 운동에너지가 거의 손실 없이 보존됩니다. 그렇다면 당구공끼리 충돌하는 각도에 따라서 충돌 후 당구공들의 운동량(물체의 질량과 속도의 곱으로 나타내는 물리량)은 각각 어떻게 변할까요? 여기 빨간색과 노란색, 두 개의 당구공이 있습니다. 큐로 빨간공을 쳐서 노란공을 향해

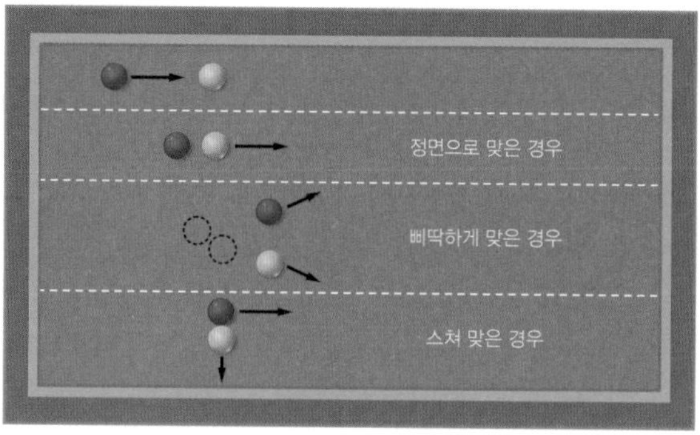

당구공은 단단하고 표면이 매끄러워서 충돌 전후 총 에너지가 거의 손실되지 않는 완전탄성충돌을 한다.

굴러가게 해봅시다.

만약 빨간공과 노란공이 정면으로 부딪히면, 빨간공은 충돌 지점에서 멈추고(자세히 살펴보면 부딪힌 면의 수직 방향으로 아주 조금 움직이기도 함) 노란공은 빨간공이 가지고 온 운동량만큼 직진해서 굴러갑니다. 빨간공이 노란공에 적당히 빗맞으면 충돌 전 빨간공의 운동에너지를 빨간공과 노란공이 절반씩 나누어 가지고 서로 수직으로 굴러갑니다. 또한 빨간공이 노란공을 살짝 스치면, 빨간공은 속도가 조금 줄어든 채 그대로 직진하고 노란공은 수직으로 천천히 굴러가다가 곧 멈춥니다. 여러분을 양자론 세계에 초대하기 전 당구 이야기를 꺼낸 것은 조금 뒤에 유용하게 활용할 수 있기 때문입니다. 이제, 본격적으로 양자론에 대한 이야기를 시작하겠습니다.

파동

양자론을 이해하기 위해서는 17세기를 뜨겁게 달구었던 파동의 입자성과 입자의 파동성에 대한 논란으로 거슬러 올라가야 합니다. 먼저 파동에 관련된 몇 가지 기본 용어를 간단히 정리해보겠습니다. 파동성, 즉 파동의 성질은 파장, 주파수(진동수), 파동의 속도를 가지고 나타냅니다. 호수나 연못 등에 돌멩이를 던지면, 돌멩이가 빠진 자리가 파원이 되어 주변으로 파동이 둥그렇게 퍼져나갑니다. 소위 물결무늬라고도 하는 올록볼록한 파형을 관찰할 수 있는데, 위로 올라온 부분을 '마루', 아래로 움푹 들어간 부분을 '골'이라고 합니다. 파장은 마루에서 마루까지 또는 골에서 골까지의 길이로 나타냅니다. 한마디로 파장은 파동의 길이입니다. 주파수는 1초에 마루와 골 사이를 몇

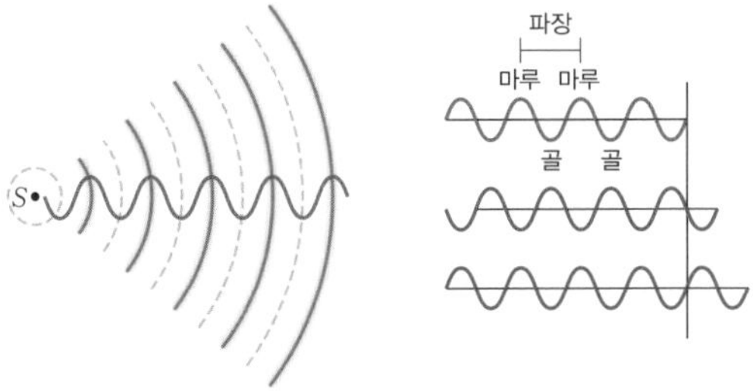

왼쪽 그림의 *S*(파원)에서 발생한 파동을 오른쪽의 첫 번째 그림으로 나타낸 것이라면, 이 파동이 오른쪽으로 반 파장만큼 이동한 것이 두 번째 그림이 되고, 한 번 더 오른쪽으로 반 파장만큼 이동한 것이 세 번째 그림이 되는데, 이로써 하나의 진동이 끝난다.

번이나 요동치는가를 나타낸 진동의 수입니다. 즉, 특정 지점에서 골(또는 마루)이었던 것이 마루(또는 골)가 되었다가 다시 골(또는 마루)이 되는 것이 1초에 몇 번이나 반복되는지 알려주는 것이 바로 주파수인 셈입니다. 따라서 파동의 속도는 파장과 주파수의 곱으로 구할 수 있습니다.

빛의 파동성이 어떻게 나타나는지를 아주 간단한 실험으로 관측해봅시다. 오른쪽 그림에서 보는 것처럼 레이저 광원 앞에 벽을 하나 세워놓고 벽에다가 아주 좁은 틈을 냅니다. 이 틈을 '슬릿'이라고 합니다. 조금 떨어진 곳에 스크린을 설치한 후, 슬릿에 레이저를 쏩니다. 그러면 스크린에 그림과 같이 가운데가 가장 밝고 위아래로 갈수록 점점 어두워지는 형상이 나타납니다. 슬릿에 해당하는 가운데 선만 밝고 나머지 부분은 완전히 깜깜하게 나타나는 것이 아니라, 가장 환한 가운데를 중심으로 주변으로 빛이 번지듯이 점점 어두워지는 것입니다.

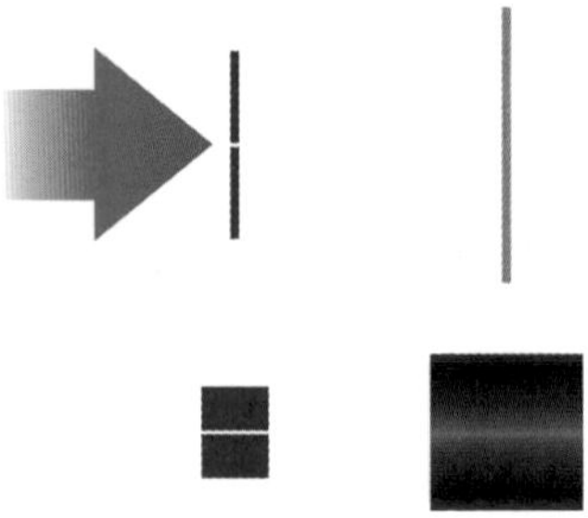

이번에는 판자 한가운데 아주 작은 구멍을 뚫고 레이저를 쏘아봅시다. 작은 구멍을 통과한 빛이 맞은편 스크린 가운데에서 가장 밝게 나타나고 주위로 동그랗게 퍼지면서 점점 어두워지

는 형상이 나타납니다. 반대로 가운데 아주 작은 점 정도만 가리고 레이저를 쏘면 맞은편 스크린에 가운데가 가장 어둡고 상하좌우로 갈수록 밝아지는 형상이 나타납니다. 이 두 스크린을 합치면 전체가 다 밝게 나타날 것으로 충분히 예상할 수 있습니다. 보랏빛으로 똑같은 실험을 해봅시다. 가운데에 점보다 더 작은 입자를 놓고 보랏빛을 쏘면 맞은편 스크린 가운데는 까맣게 나타나고 주변으로 갈수록 점점 밝아지는 보랏빛이 나타납니다.

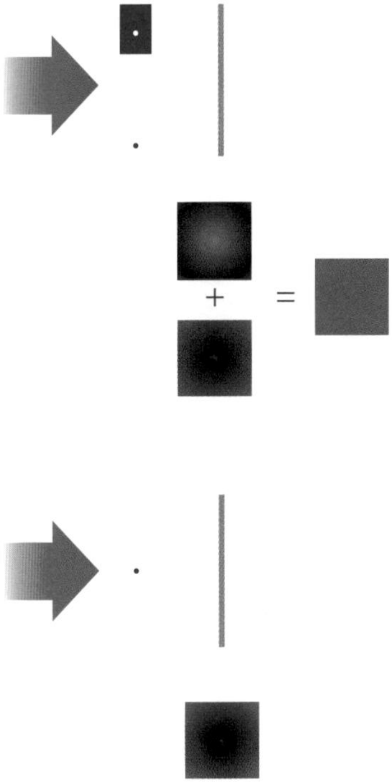

물리학자들은 이런 실험을 전자를 가지고도 했습니다. 전자에 보랏빛보다 훨씬 센 빛을 아주 가늘게 쏘았더니 독특한 결과가 나왔습니다. 스크린에 여러 색의 빛이 다채롭게 나타난 것입니다! 이 실험 결과를 이해할 수 있나요? 빛의 파동성에는 색이 변하는 성질은 없습니다. 이것과 비슷한 결과를 관측할 수 있는 실험이 있습니다. 빛이 프리즘을 통과할 때 가시광선 영역의 빛이 무지개색으로 분해되는 것을 누구나 한 번쯤 보았을 것입니다. 하지만 이 실험은 빛을 프리즘에 통과시키는 것 같은 빛의 분해 현상이 아닙니다. 양자역학을 배우지 않은 상태에서 이 실험 결과를 이해하지 못하는 것은 당연한 일입니다.

앞에서 예고했던 대로 드디어 당구 이야기를 써먹을 때가 왔습니다. 빨간공이 파란공에 적당히 빗맞으면 충돌 전 빨간공의 운동에너지를 빨간공과 파란공이 절반씩 나누어 가지고 서로 수직으로 굴러갑니다. 전자를 때린 빛은 보남파초노빨로 색이 나뉘어 스크린에 도달합니다. 이 두 가지 현상을 연관시킬 수 있을까요? 분명 관련성이 있습니다. 이 문제를 해결한 사람이 노벨상을 받았는데, 그 사람은 다름 아닌 아인슈타인입니다. 아인슈타인은 상대론을 집대성한 업적으로 노벨상을 받았던 것이

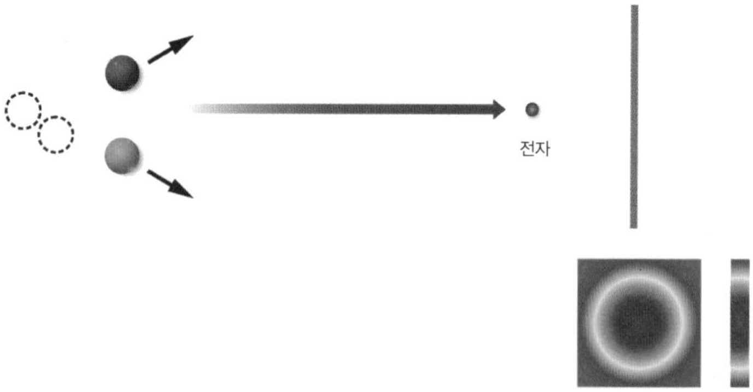

아인슈타인은 빛도 당구공 같은 입자로 생각할 수 있다는 미친 아이디어 덕분에 광전 효과를 설명할 수 있었고, 이것으로 1921년에 노벨 물리학상을 받았다.

아니라, 광전 효과를 발견하여 노벨상을 받았습니다. 지금 우리가 살펴보고 있는 실험은 광전 효과와 비슷합니다.

전자는 파란공처럼 빛에 맞아 비스듬한 방향으로 튀어 나가고, 전자를 때린 빛은 파장에 따라 여러 방향으로 뻗어나갑니다. 빛은 전자와 충돌 지점에서 꺾이는 각도에 따라 각각 뻗어나가는 빛줄기의 에너지가 다릅니다. 마치 당구공끼리 충돌한 후 거의 직진으로 굴러가는 당구공의 에너지는 크고, 크게 꺾여서 굴러가는 당구공의 에너지는 작은 것처럼, 전자와 충돌한 빛 가운데 거의 직진한 보랏빛은 에너지가 가장 크고, 가장 크게 꺾인 빨간빛은 에너지가 가장 작습니다. 이처럼 전자와 충돌한 빛이 스크린에 파장이 짧은 보랏빛에서부터 파장이 긴 빨간빛까지 무지개색으로 나타난 것을 당구공들의 충돌로 설명할 수 있다는 것은, 다시 말해 빛도 당구공 같은 입자로 생각할 수 있다는 것입니다. 어찌 보면 미친 아이디어 같지만, 옳은 생각이었습니다. 이 미친 아이디어가 양자론 세계의 문을 열었습니다.

빛의 이중성-파동의 입자성

빛을 당구공 같은 입자로 생각한 모델이 광자photon입니다.

20세기 초 광자의 개념을 도입해 빛을 물리적인 양을 지닌 알맹이로 이해하는 광양자설이 나돌았습니다. 앞에서 살펴본 실험, 즉 가는 보랏빛과 전자와의 충돌 실험은 사실 1923년 아서 콤프턴Arthur Compton, 1892~1962이 수행한 콤프턴 산란Compton scattering 실험입니다. 콤프턴이 전자에 높은 에너지의 빛을 쪼였더니 전자는 에너지를 일부 얻어 튀어 나가고, 빛은 에너지를 일부 잃고 전자가 튀어 나가는 방향과 다른 방향으로 산란되어 나갔습니다. 따라서 입사광과 산란광의 에너지는 차이를 보이지만 충돌 전후의 전체 운동에너지는 보존된다는 것을 알았습니다.

빛의 입자성을 입증하는 '콤프턴 효과'를 발견하여 1927년에 노벨 물리학상을 수상한 아서 콤프턴.

이 실험은 빛의 파동성으로는 도무지 설명할 수 없었습니다. 실험 과정이 당구공들의 충돌과 닮은꼴인 만큼 빛을 당구공 같

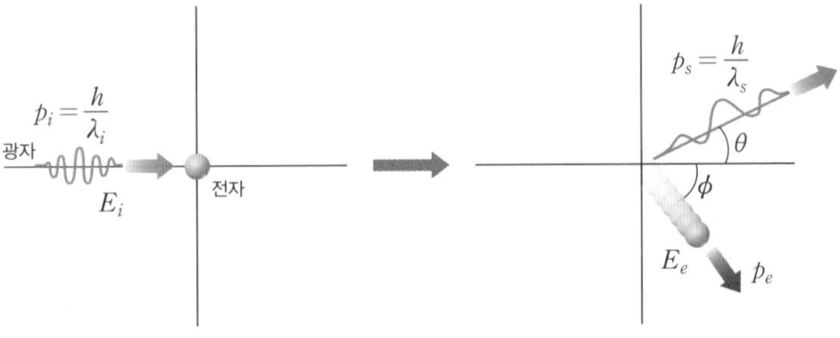

콤프턴 산란 실험.

은 입자로 생각해야만 잘 설명될 수 있었습니다. 하지만 처음부터 사람들이 빛의 입자성을 순순히 받아들인 건 아닙니다. 파동이 입자와 같은 성격도 지녔다는 것에 대해 많은 사람들의 합의

physics inside

흑체 복사와 광전 효과

우리가 주변에서 보는 물체들은 모두 빛을 받고 있기 때문에 보이는 것이다. 빛은 에너지를 가지고 있으므로 이 에너지를 받는 물체들의 에너지가 계속 높아져야 할 것 같은데 그렇지 않은 것은 이 물체들이 받아들이는 에너지만큼 외부로 에너지를 방출하기 때문이다. 즉, 우리 눈에는 잘 보이지 않지만 모든 물체는 외부로 낮은 파장의 빛을 방출하고 있다. 이 방출되는 빛의 세기나 파장 분포는 물체와 무관하게 물체의 온도만으로 예측할 수 있다. 물체는 들어오는 에너지만큼만 에너지를 방출한다. 그런데 물체가 받아들이는 빛에너지는 물체 표면의 색에 따라 달라지므로 검은색, 즉 들어오는 모든 빛에너지를 받아들이는 경우를 생각한 것이 바로 흑체 복사이다. 이 흑체 복사 현상은 빛을 파동이라고 생각해서는 도저히 이해할 수가 없었으며 빛을 당구공같이 운동량과 에너지를 가진 덩어리라고 생각해야만 설명이 가능하다.

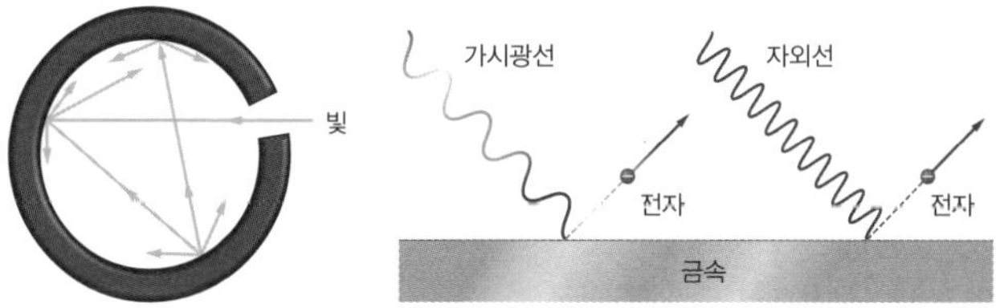

흑체 복사(왼쪽)와 광전 효과(오른쪽).

를 이끌어내는 데에는 굉장히 오랜 시간이 걸렸습니다. 파동의 입자성을 보여주는 것에는 콤프턴 산란 실험 말고도 흑체 복사와 광전 효과가 있습니다.

그래도 여전히 파동이 입자성을 지녔다는 말이 무슨 뜻인지 감이 잘 안 올 것입니다. 파동은 쉽게 말하면 파도 같은 것입니다. 그리고 여기서 입자는 덩어리를 뜻합니다. 파동과 입자는 서로 비슷하거나 배타적인 관계가 아닌, 전혀 별개의 개념입니다. 그런데 파동과 입자가 서로 같은 성질을 지녔다고 하면, 이를 어떻게 해석하고 받아들여야 할까요? 사실 물리학자들도 모릅니다. 물리학자들도 콤프턴 산란 실험 정도만 가지고 파동의 입자성을 설명할 뿐입니다. 즉, 전자에 빛을 쪼이면 빛이 당구공처럼 행동한다고만 말할 뿐입니다. 빛과 전자의 충돌 지점에서 큰 각도로 휘어져나가는 빛줄기일수록 운동량(과 에너지)이 적어지고, 파장이 길어진다고 했습니다. 따라서 파동의 운동량은 파장에 반비례한다는 것을 알 수 있습니다. 이것은 또한 파동의 에너지는 주파수에 비례함을 뜻하기도 합니다.

$$\text{파동의 운동량} = \frac{h}{\text{파장}}$$

$$\text{파동의 에너지} = h \times \text{주파수} \quad (h : \text{플랑크 상수})$$

루이 드브로이Louis de Broglie, 1892~1987라는 사람은 파동의 입자성이 성립한다면 거꾸로 입자의 파동성도 성립한다고 주장했습니다. 파동이 입자성을 가진다면 덩어리로 존재하는 것들도 파동의 성격을 가질 수 있으므로, 앞의 식에서 양변의 변수들을 자리 바꿔서 입자에 대한 식으로 고쳐 써도 성립한다는 것입니다. 즉, 드브로이는 어떤 입자가 가지는 운동량의 역수는 그 입자가 파동의 성격을 가질 때 입자의 파장에 비례할 테고, 에너지는 입자의 주파수에 비례한다고 주장했습니다. 드브로이는 입자의 파동성을 주장하면서 '물질파material wave, 물질 자체가 나타내는 파동'라는 개념을 도입했습니다. 드브로이는 아무런 실험적 근거 없이 다만 이론적으로 파동성과 입자성의 대응 관계만을 따져서 이런 주장을 펼쳤습니다.

이론적으로 입자의 파동성을 내세워 1929년에 노벨 물리학상을 받은 루이 드브로이.

$$\text{입자의 파장} = \frac{h}{\text{운동량}}$$

$$\text{입자의 주파수} = \frac{\text{에너지}}{h} \quad (h : \text{플랑크 상수})$$

파동의 입자성이 처음 제기되었을 때도 대부분의 사람들은 받아들이지 못했는데, 입자의 파동성이 제기되자 사람들의 거부 반응은 정말로 심했습니다. 입자의 파동성에 관한 주장은 실험적 근거조차 없었기에 많은 사람들이 얼토당토않게 여겼습니다. 드브로이는 입자의 파동성으로 박사학위 논문을 냈지만, 논문 심사위원회에서는 당연히 그에게 박사학위를 주지 않으려고 했습니다. 귀족이었던 드브로이는 논문 심사위원회에 압력을 행사했고, 결국은 박사학위를 받았습니다. 그러나 나중에 입자의 파동성이 과학적 사실로 밝혀지면서 드브로이는 노벨상을 받았습니다. 드브로이가 물리학에 기여한 바는 이것 딱 한 가지인데, 이것으로 노벨상을 수상했으니 정말 운이 좋은 과학자였다고 할 수 있습니다. 이제 입자의 파동성이 어떻게 과학적 사실로 밝혀졌는지 알아봅시다.

빛의 이중성-입자의 파동성

도대체 입자가 파동의 성질을 어떻게 나타내는 것일까요? 먼저 파동의 성질부터 살펴봅시다. 1801년 토머스 영Thomas Young, 1773~1829이라는 물리학자가 한 유명한 이중 슬릿 실험이 있습니다. 여기에서 관찰할 수 있는 파동의 성질은 간섭입니다. 이중 슬릿 실험은 말 그대로 광원을 두 개의 슬릿에 통과시켜 파동의

© 윤성중

현상을 관측하는 실험입니다. 광원이 각각의 슬릿을 지날 때 그 자리에서 새롭게 파원이 형성되고, 각각의 파원을 중심으로 파동이 퍼져나갑니다. 두 파동이 퍼져나가면서 마루와 마루, 골과 골이 겹쳐지면 보강 간섭이, 마루와 골이 겹쳐지면 상쇄 간섭이 일어나서 스크린에 밝은 무늬와 어두운 무늬가 교대로 나타납니다. 간섭 외에도 파동의 성질에는 반사, 굴절, 회절, 분산 등이 있는데, 이러한 파동의 다양한 성질은 중첩, 즉 파동의 겹쳐짐으로 나타납니다.

이중 슬릿 실험을 고안하여 빛의 간섭 원리를 발견한 토머스 영.

예를 들어 아래 왼쪽 그림의 (a)와 같이 같은 방향을 향해서 비슷한 속도로 진행하는 빨간색 파동과 초록색 파동을 겹치면,

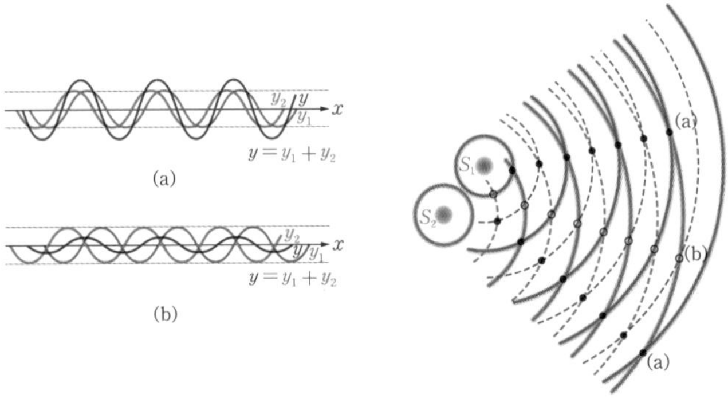

같은 방향을 향해서 비슷한 속도로 진행하는 두 파동은 겹쳐지면 보강 간섭이 나타나고, 이 두 파동이 반 파장 정도의 시간차를 두고 겹쳐지면 상쇄 간섭이 나타난다.

마루는 더 높아지고 골은 더 낮아져서 진폭이 커진 하나의 파동이 됩니다. 그런데 (b)와 같이 두 파동의 진행에 시간차를 두고 두 파동을 겹치면, 각각의 마루와 골이 상쇄되어 진폭이 작아진 하나의 파동이 됩니다. 파도처럼 이차원적인 파동의 경우는 오른쪽 그림처럼 나타납니다. 관측자가 (a)에 서 있으면 굉장히 큰 파동이 밀려오는 것으로 느낄 테고, (b)에 서 있으면 아주 미약한 파동이 밀려오는 것으로 느낄 것입니다.

이처럼 파동의 기본 성질은 중첩입니다. 그렇다면 입자의 파동성이라는 것도 입자를 가지고 비슷한 실험을 했을 때 중첩되는 일이 일어난다는 것일까요? 결론부터 말하면, 그렇습니다. 영의 이중 슬릿 실험에서 관찰했던 간섭무늬를 전자를 가지고 한 실험에서도 관찰할 수 있습니다. 광원 대신 전자총electron gun을 사용해서 전자를 빔처럼 쏩니다. 영의 실험처럼 전자총에서 발사된 전자들을 첫 번째 슬릿 한 개에 통과시킨 후 두 번째 슬릿 두 개에 통과시킵니다. 그러면 스크린에 마치 밝은 무늬와 어두운 무늬가 교대로 나타나는 간섭무늬처럼, 전자들이 많이 도달한 곳과 적게 도달한 곳이 교대로 나타납니다.

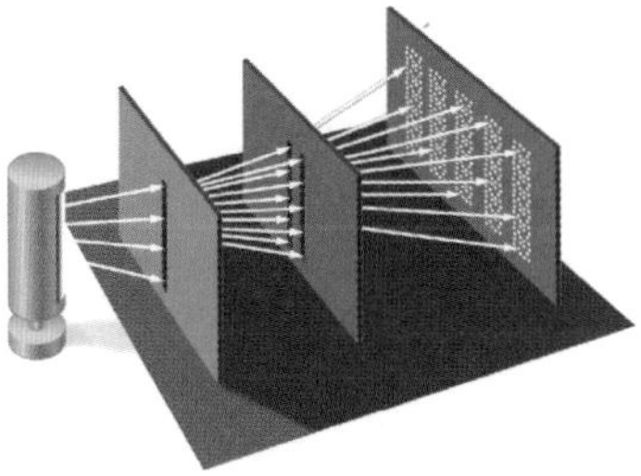

이 실험 결과로 전자와 같

은 입자도 파동의 성질을 가진다고 주장하는 목소리가 나왔습니다. 하지만 여전히 이 주장을 반박하는 목소리가 더 높았습니다. 전자들이 슬릿을 통과할 때 이리저리 부딪히면서 꺾이다 보면 스크린에 나타나는 전자의 분포가 군데군데 몰릴 수도 있다는 것입니다.

전자의 파동성을 입증하기 위해서는 이 실험에 대한 더욱 치밀한 분석이 필요했습니다. 파동이 슬릿 한 개만 통과할 때의 상황을 다시 한 번 살펴봅시다. 빛을 하나의 슬릿에 통과시키면, 파동이 퍼져나가 스크린에 도달할 때 스크린 한가운데는 밝고, 위아래로 갈수록 점점 어둡게 나타납니다. 이처럼 파동이 슬릿 한 개를 통과할 때 나타나는 현상을 회절이라고 합니다. 파동의 회절은 하위헌스의 원리로 설명할 수 있습니다. 하위헌스의 원리란 1678년 크리스티안 하위헌스Christiaan Huygens, 1629~1695가 반사

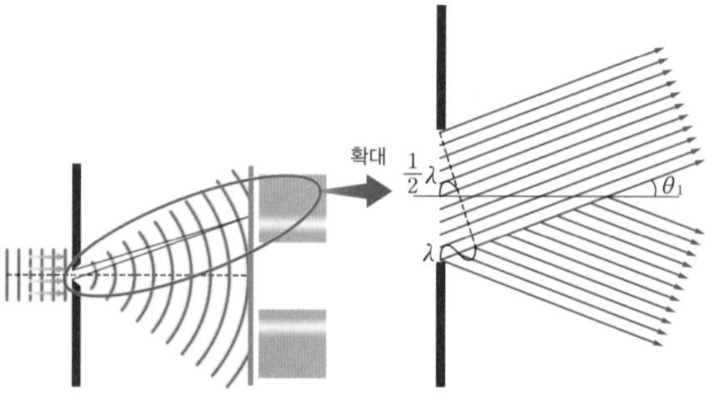

슬릿 한 개에 파동을 통과시킬 때, 회절 현상으로 스크린에서 어둡게 나타나는 부분의 파동만 살펴보는 상황.

나 회절 등 파동의 성질을 설명하기 위해 제안한 것으로, 파동이 진행할 때 매 순간 모든 지점이 새로운 파원이 된다는 것입니다. 빛이 슬릿을 통과하는 순간, 하위헌스의 원리에 따라 파면 상의 모든 지점은 새로운 파원이 되고, 각 지점에서 사방으로 파동이 퍼져나갑니다. 모든 방향으로 퍼져나가는 파동 가운데, 앞의 그림에서 표시한 부분과 같이 스크린에서 어둡게 보이는 부분을 향해 가는 파동만 살펴보겠습니다.

모든 파동은 각 지점에서 사인파sin curve로 출발합니다. 파동 진행 방향의 수직으로 선을 그으면 같은 시각에 각 파동의 위상 상태를 알 수 있습니다. 실제로 수선을 그어보면 앞의 그림에 표시한 것처럼 여섯 번째 파동과 열두 번째 파동이 상쇄됩니다. 마찬가지로 첫 번째 파동과 일곱 번째 파동이, 두 번째 파동과 여덟 번째 파동이, 세 번째 파동과 아홉 번째 파동이, 네 번째 파동과 열 번째 파동이, 다섯 번째 파동과 열한 번째 파동이 상쇄됩니다. 따라서 스크린에서 완전히 어둡게 나타나는 것입니다.

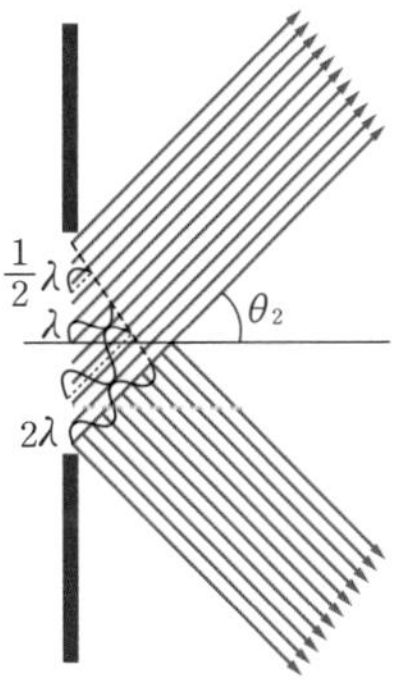

슬릿의 크기와 파동이 퍼져나가는 각도를 잘 조절하면 특정 파동들 간의 위상을 정확히 반 파장씩 차이 나게 할 수 있습니다. 또는 파동이 퍼져나가는 각도를 더 크게 하

면($\theta_1 < \theta_2$) 특정 파동들 간의 위상을 한 파장씩 차이 나게 할 수도 있습니다. 앞의 그림을 보면 세 번째 파동과 아홉 번째 파동이, 여섯 번째 파동과 열두 번째 파동이 보강됩니다. 이런 식으로 파동들이 보강되어 스크린에 밝게 나타나는 것입니다. 슬릿을 통과하는 파동들이 퍼져나가는 각도에 따라 상쇄되기도 하고 보강되기도 하므로 빛의 회절이 일어날 때 어두운 부분도 나타나고 밝은 부분도 나타나는 것입니다.

파동이 슬릿 두 개를 통과할 때는 간섭 현상을 관측할 수 있습니다. 회절이나 간섭은 결국 파동의 겹쳐짐으로 나타나는 현상입니다. 슬릿의 폭은 회절이나 간섭으로 스크린에 나타난 무늬의 폭에 비해 매우 좁습니다. 그러므로 슬릿의 위치를 약간 이동하더라도 회절무늬는 일관성 있게 아래 그림처럼 나타납니다

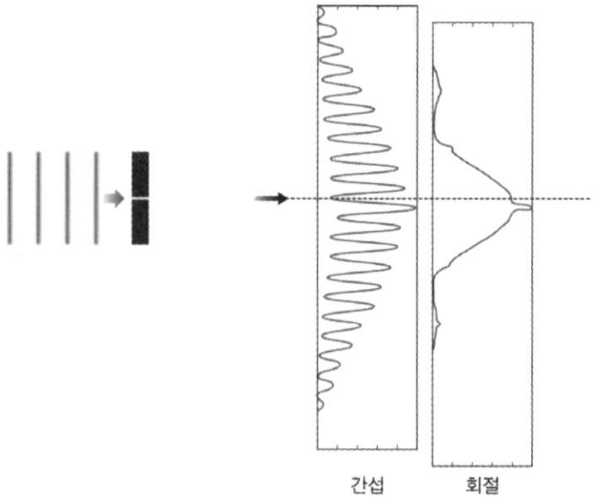

간섭무늬와 회절무늬의 비교.

다. 슬릿 두 개를 서로 가깝게 뚫으면 파동이 각각의 슬릿을 통과할 때 나타나는 회절무늬가 겹쳐져 스크린에 나타날 것 같지만, 결과는 그렇지 않다는 것을 우리는 이미 잘 압니다. 각각의 슬릿을 통과하는 파동은 상쇄 간섭과 보강 간섭을 일으켜 회절무늬와는 다른 간섭무늬가 만들어집니다.

회절과 간섭의 차이는 빛과 같은 파동으로 잘 설명할 수 있지만, 전자로 설명하기는 좀처럼 쉽지 않습니다. 그래도 전자를 가지고 똑같은 실험을 하면 앞에서와 똑같은 데이터를 얻습니다. 먼저 슬릿 두 개 중 위쪽만 뚫었을 때 회절무늬가 스크린에 나타납니다. 아래쪽 슬릿만 뚫었을 때 역시 똑같은 회절무늬가 스크린에 나타납니다. 즉, 슬릿 한 개만 뚫고 전자총을 쏘면 스크린 가운데 쪽으로 전자들이 몰립니다. 그런데 슬릿 두 개를 뚫고 전자총을 쏘면 전자들이 집중 분포했던 가운데 일부에는 전자들이 거의 도달하지 않습니다(그림에서 회색 점선으로 표시한 부분). 위쪽이든 아래쪽이든 슬릿 한 개만 뚫었을 때 전자들이 지나갔던 경로를 위쪽과 아래쪽 슬릿 두 개를 모두 뚫으면 전자들이 갑자기 지나가지 않는, 이상한 일이 벌어지는 것입니다. 전자의 회절과 간섭이 이상하게 생각되는 것은 이 현상을 당구공 같은 입자의 관점에서 보기 때문입니다. 파동성을 배제하고는 이 특이한 현상을 설명할 수 없기 때문에 전자와 같은 입자도 파동성을 가진다고 하는 것입니다.

하지만 여전히 전자의 파동성에 대해 반론을 제기하는 사람들이 많았습니다. 특히 전자는 전하를 띠기 때문에 전자들의 움직임으로 전자기력이 형성되고, 이 전자기력은 전자끼리 상호작용을 하게 하거나 전자들의 진행 경로에 영향을 미쳐 전자의 회절과 간섭이 일어나는 것이라고, 강력한 반론이 제기되었습니다. 전자의 파동성을 믿는 과학자는 이 반론에 맞서기 위해 다음과 같은 실험을 했습니다. 전자들 사이의 상호작용이 일어나지 않도록, 전자총에서 10분에 전자 한 개꼴로 전자가 발사되도록 준비하고, 무려 6개월 동안 한결같은 조건 속에서 실험 장치를 가동시켜 데이터를 모았습니다. 결과는 여지없이 파동성의 상징인 회절무늬, 간섭무늬가 나타났습니다. 전자가 슬릿을 통과할 때 쪼개지지 않고는 입자의 관점으로 도저히 설명할 수 없는 현상임이 드러났습니다. 그렇다고 전자가 쪼개지는 현상은 어디서도 발견된 일이 없는데 하필 이 실험에서만 그런 일이 일어날 거라고 주장할 수는 없습니다. 어쨌든 입자도 파동성을 가진다는 것에 많은 사람들의 과학적 합의가 이루어졌습니다. 지금까지 파동의 입자성과 입자의 파동성에 대해 길게 이야기한 까닭은 입자와 파동은 결국 동일하다는 것이 양자론의 본질이기 때문입니다.

양자론의 세계

우리가 사는 세계는 우주 스케일의 크기–속도 그래프에서는 원점에 가까운 아주 작은 점 정도에 불과하다고 했습니다. 앞서 그림을 통해 우리가 사는 세계를 비유적으로 살펴본 것처럼, 여인네 치마폭에 붙어사는 벌레는 세상에 보라색밖에 없는 줄 알지만 미시적으로 들어가면 보라색은 사실 빨간색과 파란색으로 이루어져 있고, 거시적으로 나아가면 보라색은 세상의 일부일 뿐 이 세상은 다양한 색들이 아름답게 조화를 이루는 거대한 곳입니다. 따라서 보라색 세상에 사는 벌레(인간)는 굉장히 작은 영역의 경험만을 가질 뿐이고, 그 정도의 지식을 가지고 우주 전체를 파악하고자 할 때 도무지 이해할 수 없는 것도 당연하다고 했습니다.

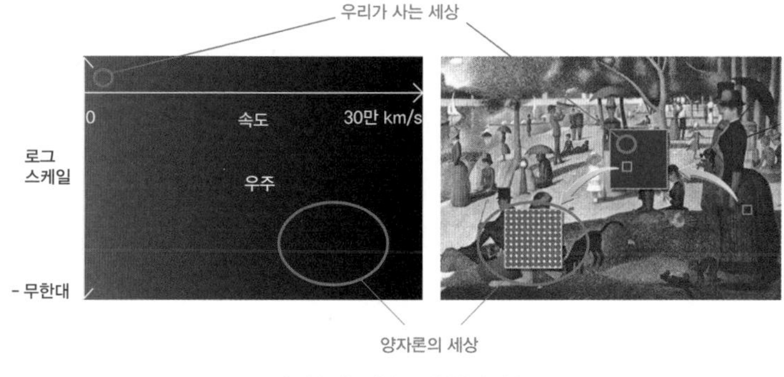

우리가 사는 세상 vs 양자론의 세상.

양자론의 세계에서 크기는 대단히 작고, 속도는 굉장히 빠릅니다. 지금부터 하려는 이야기는, 보라색으로만 보이는 세상에 살고 있어 색에 대한 개념이 전혀 없는 벌레에게 사실은 보라색이 무수히 많은 빨간점과 파란점으로 이루어졌다거나 보라색은 다양한 색으로 이루어진 거대한 세상의 일부라는 이야기를 하는 것과 마찬가지입니다. 머릿속에 입자와 파동이 전혀 별개의 개념으로 심어져 있는 우리가 '이 세상 모든 것이 입자이면서 동시에 파동이다'라는 양자론의 핵심 내용을 이해하기란 불가능합니다. 그러니까 이해가 불가능한 것을 이해하지 못한다고 안타까워할 필요는 없습니다.

양자론 세계에서 입자는 물질을 뜻하지 않습니다. 입자가 질량을 가진 물질을 뜻하는 경우는 상대론 세계에서입니다. 상대론 세계에서는, $E = mc^2$을 통해서 알 수 있듯이, 물질과 에너지가 상호변환될 수 있습니다(물질=에너지). 양자론 세계에서 입자는 덩어리를 뜻합니다. 전자와 같은 질량 덩어리일 수도 있고, 빛과 같은 에너지 덩어리일 수도 있습니다. 즉, 양자론 세계에서 입자란 당구공처럼 충돌할 수 있는, 덩어리의 형태로 생각해야 합니다. 그리고 양자론 세계에서 삼라만상은 덩어리의 성질과 파동의 성질을 모두 가지고 있다는 것입니다. 선탠을 하려고 해변에 엎드려 있는 사람을 예로 들어봅시다. 그 사람은 햇빛이 연속으로 자신의 등을 내리쬐어 따뜻하다고 느끼겠지만, 사실은 태양에너지 덩어리(광자)들이 불연속적으로 등과 부딪히고 있는 것입니다. 그 사람이 아무런 충격을 느끼지 못하는 것은 태양에너지 덩어리 단위가 매우 작기 때문입니다. 이것이 우리가 이해하려는 세상입니다.

양자론의 체계-코펜하겐 해석

그렇다면 양자론 세상은 어떤 법칙에 따라 움직일까요? 물리학자들은 고민했습니다.

야구공을 던지면 야구공이 포물선을 그리며 움직입니다. 물리학자들은 야구공 같은 입자의 움직임을 시시각각 예측하고 싶어했습니다. 우주에는 입자들이 무지하게 많습니다. 그 입자들이 시간에 따라 어떻게 변화할지를 완벽하게 예측할 수 있다면, 100만 년 전 우주의 모습이나 100만 년 후 우주의 모습을 알아낼 수 있습니다. 물리학자들의 목표는 바로 이것이었습니다. 물리학자들은 입자의 위치를 시간의 함수로 알고 싶어했고, 그렇게 탄생한 식이 바로 뉴턴 방정식입니다. 그리고 이 뉴턴 방정식으로 모든 입자의 움직임을 예측할 수 있게 되었습니다. 물리학자들은 또한 파동의 움직임을 예측하고 싶어했습니다. 파동의 움직임은 파동의 진폭이 위치와 시간에 따라 어떻게 변화하는지를 기술하여 알아낼 수 있습니다. 그래서 물리학자들은 파동의 진폭을 위치와 시간의 함수로 나타낸 파동 방정식을 만들어냈습니다. 그리고 파동 방정식으로 공기 중에 음파가 퍼져나가는 것과 같은 모든 파동의 움직임을 설명할 수 있게 되었습니다.

그런데 입자성과 파동성은 별개가 아니라, 삼라만상은 입자성을 띠는 동시에 파동성을 띤다고 했습니다. 입자성과 파동성을 동시에 나타낼 수 있는 식이 필요해졌습니다. 입자성을 만족하는 식은 변수가 하나(시간)이고, 파동성을 만족하는 식은 변수가 두 개(위치, 시간)입니다. 복잡한 식은 간단한 식까지 포괄하여 나타낼 수 있지만, 간단한 식이 복잡한 식을 포괄하기엔 역부족입니다. 에르빈 슈뢰딩거Erwin Schrödinger, 1887~1961는 이 점에 착안하여 입자성과 파동성을 모두 만족하는 식 모양은 파동 방정식과 비슷해야 한다고 생각하고 '슈뢰딩거 방정식Schrödinger equation'을 만들었습니다. 이 식으로 에너지와 운동량을 가지는 입자의 입자성과 주파수와 파장을 가진 파동성을 모두 설명할 수 있게 되었습니다. 즉, 이 식으로 추상적 개념이었던 물질파를 기술할 수 있게 된 것입니다. 슈뢰딩거는 이 식을 만든 공로로 노벨상을 탔습니다.

양자론 세상은 기본적으로 슈뢰딩거 방정식으로 설명됩니다. 따라서 슈뢰딩거 방정식을 푸는 것이 관건입니다. 즉, 슈뢰딩거 방정식의 해가 우리가 이해하려는 세상의 모습을 알려줄 것입니다. 그런데 이 식을 푸는 것은 뉴턴 방정식을 푸는 것보다 훨씬 어렵습니다. 아직까지 많은 물리학자들이 여러 가지 경우에 관한 슈뢰딩거 방정식을 풀고 있습니다.

입자 하나에 대한 슈뢰딩거 방정식을 풀면 아래 그림과 같은 해가 얻어집니다. 이 그림을 어떻게 해석해야 할까요? 예를 들어 포물선을 그리며 날아가는 야구공의 물질파가 아래 그림처럼 얻어졌다고 해봅시다. 이 그림은 무엇을 의미할까요? 야구공이 이 그림처럼 떨면서 움직인다는 것일까요? 그건 아닙니다.

$$\hat{H}\Psi = i\hbar\frac{\partial}{\partial t}\Psi$$

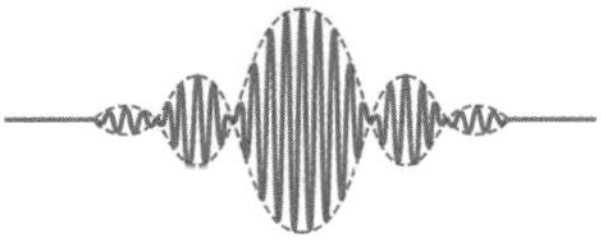

슈뢰딩거는 자신의 방정식에 나오는 ψ(파동함수)가 파동으로 가득 찬 물질 세계의 실체를 나타낸다고 생각했지만, 양자 규모에 존재하는 자연의 실체는 여전히 의문으로 남아 있다.

왜냐하면 파장은 운동량의 역수에 비례하므로, 운동량과 관련이 있는 것이지 야구공이 이 그림과 같은 모양으로 떨면서 움직인다는 것은 아닙니다. 또 파장이 일정하므로 운동량과 에너지의 변화는 없습니다. 이 그림에서 변화가 일어나는 부분은 진폭입니다. 파동의 가운데 진폭이 가장 크고, 좌우로 갈수록 진폭이 작아지다가 양 끝은 진폭이 0이 됩니다. 이 그림을 두고 여러 해석이 나왔습니다.

제일 먼저 나온 해석이 코펜하겐 해석입니다. 닐스 보어Niels Bohr, 1885~1962 등의 물리학자들이 내놓은 해석으로, 확률적으로 해석하는 방법입니다. 코펜하겐 해석이란 다음과 같습니다. 앞

1929년 코펜하겐 집회. 앞줄 왼쪽에서 두 번째 사람이 보어이고, 그 옆의 옆 사람이 파울리, 그 옆의 옆 사람이 하이젠베르크이다. 특히 파울리는 '파울리의 배타 원리'로 유명한데, 독설가로도 이름을 날렸다. 파울리는 결혼한 지 얼마 되지 않아서 이혼했다. 나중에 이혼한 아내가 화학자와 재혼했다는 소식을 듣고선, 어떻게 물리학자와 이혼하고선 화학자와 재혼할 수 있느냐며 불같이 화냈다는 일화도 있다.

의 그림에서 진폭이 0인 곳은 입자가 없는 곳입니다. 진폭이 0이 아닌 곳은 입자가 있는 곳입니다. 그렇다면 진폭의 크기 차이는 무엇을 의미할까요? 진폭이 클수록 입자가 그 위치에서 발견될 확률이 높고, 진폭이 작을수록 그 위치에서 입자가 발견될 확률이 낮다는 것입니다. 즉, 파동의 한가운데에서 입자가 발견될 확률이 가장 높고, 좌우로 갈수록 입자가 발견될 확률이 낮아진다는 것입니다. 이 중대한 이야기는 1929년 보어, 베르너 하이젠베르크Werner Heisenberg, 1901~1976, 볼프강 파울리Wolfgang Pauli, 1900~1958 등 당시 물리학계 거장들이 덴마크 코펜하겐에 한데 모인 자리에서 나왔습니다. 이 코펜하겐 집회에서 나온 핵심 내용은 파동의 진폭을 확률로 해석해야 한다는 것입니다.

수소 원자를 예로 들어보겠습니다. 수소 원자는 핵 주위를 전자 한 개가 빙글빙글 돌고 있습니다. 전자가 K껍질에 있는지, L껍질에 있는지, M껍질에 있는지 등 이러한 전자의 분포를 코펜하겐 해석을 적용하여 예측할 수 있습니다. 전자가 발견될 확률을 나타낸 파동함수를 '오비탈'이라고 하며, 오비탈의 종류에는 s오비탈, p오비탈, d오비탈 등이 있습니다. 다음 페이지 그림을 보면, K, L, M 등 각각의 전자껍질에서 나타날 수 있는 오비탈을 알 수 있습니다. 밝게 빛나는 부분은 파동의 진폭이 큰 부분이고, 어둡게 보이는 부분은 파동의 진폭이 작은 부분입니다.

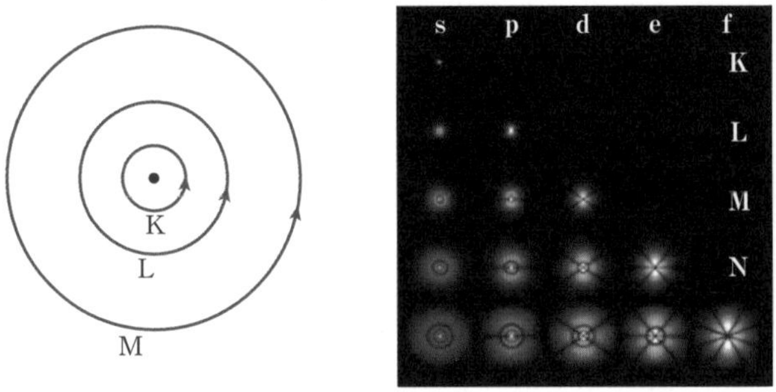

수소 원자에서 전자 한 개의 분포를 확률적으로 나타낸 파동함수(오비탈).

따라서 밝게 빛나는 곳일수록 전자를 발견할 확률이 높은 곳입니다. 완전히 깜깜하게 어둡게 보이는 부분은 전자를 발견할 확률이 0인 곳입니다. 핵과 가까운 안쪽 전자껍질에 있는 오비탈일수록 가운데가 밝고, 핵에서 멀리 있는 바깥쪽 전자껍질에 있는 오비탈일수록 주변부가 밝다는 것도 알 수 있습니다.

양자론의 체계-중첩

물질파도 파동이므로 파동의 기본 성질인 중첩이 가능한데, 여기서부터 공상과학에서나 볼 법한 일들이 일어납니다. 지금부터 할 이야기는 정말 이상해서 지금까지 그럴 듯하게 들렸던 설명을 되짚어보게 할지도 모릅니다.

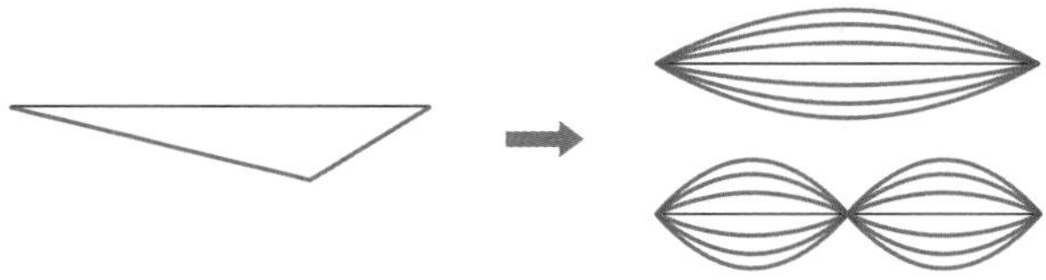

기타에서 낮은 '도'에 해당하는 줄을 튕기면 해당하는 음뿐만 아니라
한 옥타브 높은 '도'에 해당하는 음도 함께 울리는 중첩 현상.

일상에서 쉽게 찾아볼 수 있는 일반 파동의 중첩 현상부터 살펴봅시다. 기타에서 낮은 '도'에 해당하는 줄을 튕기면 해당 음의 소리가 납니다. 그런데 이때, 낮은 '도'뿐만 아니라 한 옥타브 높은 '도'에 해당하는 음도 함께 울립니다. 이처럼 기타 줄을 튕겼을 때, 두 음 이상이 섞여서 소리 나는 현상이 중첩입니다.

여러 음이 섞여 아름다운 소리를 만들어내는 화음 역시 파동의 중첩 현상입니다. 예를 들어 '도', '미', '솔'을 중첩시킬 수 있습니다. 파장이 긴 것(도), 조금 짧은 것(미), 조금 더 짧은 것(솔)이 섞여서 이것을 들을 때 세 음이 한꺼번에 들립니다.

그렇다면 물질파의 중첩이란 무슨 뜻일까요? 다시 수소 원자를 보겠습니다. 수소 원자에서 핵 주위를 도는 전자 한 개가

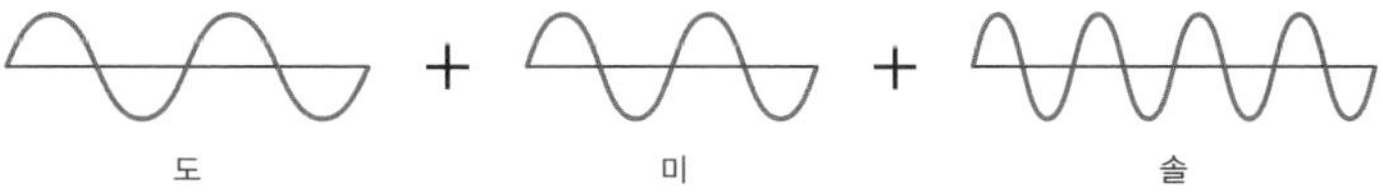

여러 음을 동시에 만들어내는 파동의 중첩 현상(화음).

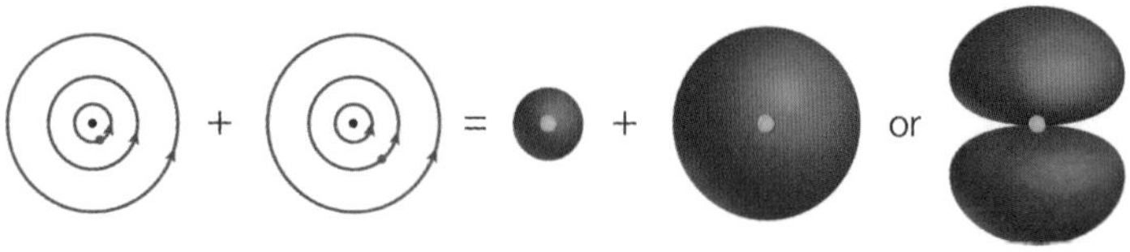

전자 한 개에 대한 물질파의 중첩.

어디에 존재하는지를, 각 전자껍질에서의 가능한 분포 상태를 파동함수로 나타낼 수 있습니다. 이 전자에 대한 물질파가 중첩된다는 것은 전자가 K껍질에 있는 상태(1s오비탈)와 L껍질에 있는 상태(2s오비탈 또는 2p오비탈)가 중첩된다는 것입니다. 상태가 중첩된다는 것은 또 무슨 말일까요? 정말 알쏭달쏭합니다. 이 질문은 오늘날까지도 양자역학 분야에서 논란이 되고 있습니다.

'도', '미', '솔'이 화음을 이루어 한꺼번에 들리는 것처럼, 고전적인 파동의 중첩을 관측하면 중첩되는 파들이 한꺼번에 측정됩니다. 하지만 물질파의 양자적인 상태의 중첩을 관측하면 어느 한 상태만 측정됩니다. 이것도 코펜하겐 해석의 일부입니다. 그렇다면 상태가 중첩된다는 것을 어떻게 알 수 있을까요? 분명히 물질파도 파동이므로 고전적인 파동처럼 중첩된 상태가 존재하는 것은 확실합니다. 그렇지만 실제로 수소 원자를 관측해보면, 전자의 분포가 K껍질과 L껍질에 걸쳐 있는 상태는 측정되지 않고 오로지 K껍질에 있거나 L껍질에 있는 상태만 측정되는 딜레마가 발생합니다. 보어도 코펜하겐 해석에서 이 문제로 골머리를 썩었습니다. 또 이런 이유로 아인슈타인을 비롯하여 많은 물리학자들은 물질파의 상태 중첩을 부정했습니다. 이 모순적인 상황을 어떻게 해석해야 할까요?

보어 등의 코펜하겐 해석을 믿는 물리학자들은 전자가 K껍질에 있는 상태와 L껍질에 있는 상태의 중간 상태도 존재할 것이라고 주장했습니다. 그들은 전자의 분포 상태는 중첩되어 있지만, 관측은 한 가지 상태로만 측정된다고 결론을 내렸습니다. 어떤 상태가 측정될지는 오비탈(파동함수)들이 섞인 비율에 따라 결정될 것이라고 주장했습니다. 앞에서 파동함수의 진폭이 크다는 것은 전자가 발견될 확률이 높다는 것을 의미한다고 했습니다. '도', '미', '솔'이 양자적으로 합쳐지는 상황을 가정해봅시다. 화음은 들을 수 없을 테고 세 음 중 한 음만 들릴 것입니다. 이때 '도'의 진폭은 매우 크고 '미', '솔'의 진폭은 아주 작다면, '도'가 들릴 확률이 가장 높습니다. 마찬가지로 전자가 K껍질에 있는 상태와 L껍질에 있는 상태가 중첩된 상태로 있는데, 이것을 관측하면 두 상태 중 하나로 측정됩니다. 만약 K껍

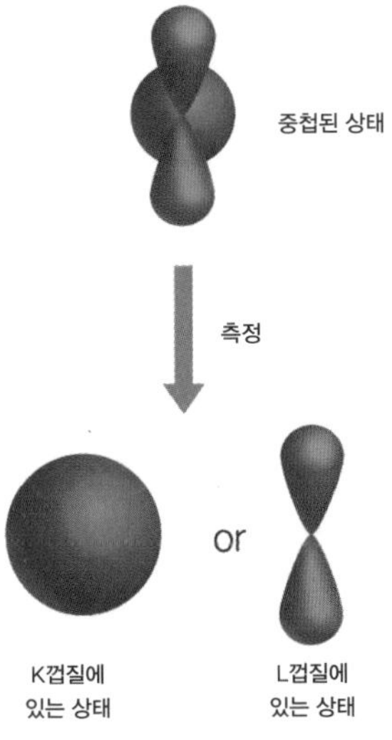

질에 있는 상태로 측정되었다고 해봅시다. 결과적으로 원래는 중첩된 상태였는데 측정하고 났더니 상태가 변한 것입니다. 다시 측정하면 50 대 50의 확률로 K껍질에 있는 상태로 측정되거나 L껍질에 있는 상태로 측정되지 않고, 계속 K껍질에 있는 상태로 측정됩니다. 이처럼 중첩된 상태를 측정하고 나면 상태가 변한다고 할 때, 이 논리를 다른 양자적 상황에 적용해보면 이해가 잘 안 되는 이상한 일이 벌어집니다.

다시 말해 코펜하겐 해석에 따르면, 전자의 물질파가 양자적으로 중첩되어 있다는 것은 전자의 분포 상태가 중첩되어 있다는 것입니다. K껍질의 오비탈과 L껍질의 오비탈이 중첩된 상태라는 것인데, 이것이 옳다면 이것을 다음과 같은 상황에 확대 적용하여 생각해봅시다. '슈뢰딩거의 고양이'로 잘 알려진 이 상황은 슈뢰딩거가 자신의 방정식을 확률적으로 해석하는 코펜하겐 해석이 과연 납득할 수 있는 해석인지 따져보기 위해 고안한 것입니다. 슈뢰딩거 역시 코펜하겐 해석에 의문을 품은 물리학자 가운데 한 사람이었습니다.

상황은 이렇습니다. 상자 안에 고양이를 가둡니다. 또 상자 안에는 반감기가 1초인 방사성 물질과 방사선을 감지하는 가이거 계수기가 있습니다. 가이거 계수기에 망치를 연결해놓고, 가이거 계수기가 방사선을 감지하면 망치가 내려뜨려져 가이거

슈뢰딩거는 이 사고실험에서 "죽었으면서 동시에 살아 있는 고양이"가 실제로 존재하겠느냐며, 코펜하겐 해석이 부조리하다고 비판했다.

계수기 앞에 놓인 독이 든 병을 깨뜨리도록 설치되어 있습니다. 독 병이 깨지면 고양이는 죽습니다. 이제 방사성 물질은 평균적으로 1초에 한 번씩 붕괴하여 방사선을 방출합니다. 그렇다면 1초가 지났을 때 방사선이 나왔을 수도 있고, 나오지 않았을 수도 있습니다. 방사선이 유출될 확률은 50%입니다. 따라서 1초 후에 가이거 계수기가 독 병을 깨뜨렸을 확률이 50%, 깨뜨리지 않았을 확률이 50%가 되고, 1초 후에 고양이가 죽어 있을 확률이 50%, 살아 있을 확률이 50%가 됩니다. 그렇다면 1초 후 고양이는 죽어 있는 상태일까요, 아니면 살아 있는 상태일까요? 코펜하겐 해석에 따르면, 1초 후 고양이의 상태는 죽어 있는 상태와 살아 있는 상태의 중첩입니다. 도대체 죽어 있는 상태와 살아 있는 상태의 중첩이라는 게 어떤 상태라는 것일까요? 그야말로 어불성설입니다.

또 다른 상황도 생각해봅시다. 하트 A와 클로버 A, 이 두 장의 카드를 앞면이 보이지 않도록 엎어 놓았습니다. 둘 중 한 장을 골라서 뒤집어볼 때, 하트 A가 나올 확률이 50%, 클로버 A가 나올 확률이 50%입니다. 이 카드가 원자 크기만큼 작아서 양자 현상이 일어날 수 있는 경우라면 카드를 뒤집어보기 전까지 하트 A와 클로버 A가 중첩된 상태로 존재하기 때문에 카드를 뒤집었을 때 어느 카드든 나올 수 있다는 것입니다. 전자의 경우에 확률이 반반인 것은 우리의 무지 때문이지만 후자의 경우는 자연의 성질 때문입니다.

코펜하겐 해석을 믿는 물리학자들은 우리가 중첩과 확률적 측정 결과를 알 수 없는 것은 우리의 무지 때문이 아니라 자연이 원래 중첩된 상태를 허용하기 때문이라고 주장합니다. 그들은 도대체 왜 물질파의 중첩을 이토록 고집스럽게 주장하는 것일까요? 이는 전자를 가지고 한 이중 슬릿 실험 결과 때문입니다. 스크린에 나타난 간섭무늬가 전자들의 중첩된 상태라고 생각하지 않고서는 이 실험 결과를 도저히 설명할 길이 없습니다.

이제 코펜하겐 해석을 받아들일 수 있나요? 그렇다면 '슈뢰딩거의 고양이'의 상태도 받아들일 수 있나요? 물론 상자의 뚜껑을 열어보았을 때, 고양이는 죽어 있든 살아 있든 둘 중 한 상태일 것입니다. 하지만 뚜껑을 열기 직전까지 고양이는 죽어 있는 상태와 살아 있는 상태가 중첩된 상태일 것입니다(이렇게밖에 설명할 수 없는 것은 결코 우리가 무지하기 때문이 아니라고 했습니다). 그리고 뚜껑을 연 순간 중첩된 고양이의 상태는 변하여 죽어 있든지 살아 있든지 둘 중 한 상태로 발견됩니다. 아마도 말도 안 되는 이야기라고 생각하는 사람들이 여전히 많을 것입니다. 그 사람들이 이상한 것이 아닙니다. 그 사람들은 정상입니다. 왜냐하면 우리는 양자론을 이해할 수 없기 때문입니다. 하지만 우리는 이제 양자 현상을 알게 되었습니다. 아는 것과 이해하는 것은 다릅니다. 물리학자들 역시, 양자 현상을 알고는 있지만 이해하지는 못하고 있습니다. 삼라만상은 입자성과 파동성을 동시에 가지고 있다는 것, 이 물질의 이중성은 실험으로 알아낸 명백한 사실입니다. 따라서 우리가 양자론을 이해하지 못한다고 해서 양자론이 일부 과학자들만 주장하는 궤변론이라는 건 절대 아닙니다. 우리는 양자론을 이해할 수 없지만, 양자론으로 세상을 예측할 수 있습니다. 그리고 양자론의 예측은 항상 옳습니다.

아인슈타인과 보어의 논쟁

아인슈타인과 보어의 양자역학에 대한 상반된 입장을 명백히 보여주는 유명한 말이 있다. 아인슈타인은 어느 날 한 공식 석상에서 "신은 우주를 가지고 주사위 놀음을 하지 않는다"라고 말했다. 확률 게임의 대명사인 주사위 놀음이란 비유 표현을 들어 양자역학을 부정했던 것이다. 이 말을 들은 보어는 "신한테 이래라 저래라 하지 마시오"라고 맞받아쳤다. 신이 우주를 가지고 주사위 놀음을 하면 하는 것이지, 왜 인간이 신한테 간섭하느냐는 것이다.

양자론에 대한 상반된 입장을 놓고 아인슈타인과 보어의 언쟁은 계속되었다. 먼저 아인슈타인이 말했다.

"단지 고양이가 달을 쳐다보는 것만으로 달의 상태가 변한다는 것을 나는 절대 믿을 수 없소. 관측 대상이 되는 세계에서 벌어지는 일은 관측계와 무관하며, 따라서 관측 대상을 예측하는 것은 관측자에 따라 달라지지 않아야 한다는 신념이 과학의 기본임을 상기하길 바라오."

이에 보어는 아인슈타인의 상대론을 들먹이며 아인슈타인을 설득하려고 했다.

"당신의 업적 덕분에, 물리학자들은 시간과 공간이 절대적이지 않고 관측자의 운동 상태에 따른 상대적이라는 것을 깨닫게 되었소. 양자론은 이러한 상대론적 아이디어를 한 단계 확장시켰을 뿐이랍니다. 어째서 당신은 자신의 아이디어를 자연스럽게 확장시킨 것에 불과한 양자론에 동의하

는 것을 꺼린단 말이오?"

보어의 말을 들은 아인슈타인은 냉랭하게 반응했다.

"똑같은 농담도 두 번 하면 재미없는 법이오."

그럼에도 아인슈타인은 여전히 양자론을 부정했습니다. 아인슈타인이 보어와 나눈 한 대화(〈physics inside〉 참조)에서 이런 아인슈타인의 생각이 잘 드러나 있습니다. 아인슈타인은 예컨대 고양이가 달을 쳐다보면 달의 상태가 변한다는 것이 말이 되느냐며 양자론을 부정하는 입장을 견지했습니다. '슈뢰딩거의 고양이'에서 상자의 뚜껑을 열면 고양이는 죽어 있거나 살아 있거나 둘 중 한 상태일 텐데, 아인슈타인의 입장은 누군가가 상자의 뚜껑을 열었을 때 고양이가 죽어 있다면 다른 누군가가 상자의 뚜껑을 열어도 결과는 똑같을 것이라는 얘기입니다. 마찬가지로 아인슈타인이 든 예에서 달을 쳐다보는 관측자가 특정된 것은 아닙니다. 관측자가 사람이든, 개이든, 고양이이든 상관없이 똑같은 결론이 얻어질 텐데, 다만 코펜하겐 해석에 따르면 관측 대상인 달은 어떤 중첩된 상태를 가지며 관측자가 달을 측정하는 순간 달의 상태가 변한다는 것입니다. 말도 안 되는 소리로 들릴 텐데 양자론의 논리가 바로 이와 같다며, 아인슈타인은 양자론을 받아들일 수 없다고 했습니다. 그러면서 덧붙이기를 관측 대상계는 관측자와 무관하게 진리가 펼쳐져 있고, 자고로 과학자란 관측자에 따라 달라지지 않는 그 진리를 탐구하는 것을 기본으로 해야 하는데, 고양이가 달을 쳐다보면 달의 상태가 달라진다는 것은 과학 탐구의 기본에 어긋난다고 비난했습니다. 즉, 달이 밝으면 밝은 것이고 어두우면 어두운 것이지, 고양이가 쳐다본다고 해서 밝은 달이 어두워지고 어두운 달이 밝아질 리가 없지 않겠느냐는 것입니다.

아인슈타인이 관측 여부에 따라 진리가 달라지는 것은 과학으로 받아들일 수 없다고 하자, 보어는 똑같은 상황일지라도 관측자에 따라 달라지는 건 아인슈타인의 상대론에서 먼저 나왔던 이야기이고, 그 이야기를 양자론에서 조금 더 확장했을 뿐이라며 아인슈타인의 생각을 바꾸려고 했지만 끝내 실패했습니다.

양자전기역학의 재규격화이론을 완성하여 1965년에 노벨 물리학상을 수상한 유쾌한 과학자, 리처드 파인만.

이처럼 양자론의 예측은 절대적으로 옳지만, 아인슈타인조차도 받아들이지 못했던 만큼 그 해석은 정말 이상합니다. 심지어 양자역학 분야에서 노벨상을 수상한 20세기 천재 과학자, 리처드 파인만Richard Feynman, 1918~1988조차도 "아무도 양자역학을 제대로 이해하지 못하고 있다고 자신 있게 말할 수 있다"라고 얘기했을 정도입니다.

양자론을 둘러싼 여러 해석들이 있는데, 지금까지 가장 고전적인 해석으로 꼽히는 코펜하겐 해석을 중심으로 양자론을 이야기했습니다. 다음은 지금까지 이야기한 것을 요약 정리한 것입니다.

양자론의 체계 종합

1. 물질의 상태는 파동으로 표시된다.
2. 파동의 진폭은 발견될 확률을 나타낸다.
3. 물질파는 중첩될 수 있다(상태의 중첩).
4. 측정하면 한 개의 상태만 측정된다.
5. 어떤 상태가 측정될지는 확률적으로 결정된다.
6. 측정하고 나면 상태가 변한다.

아무튼 양자론은 항상 옳습니다. 우리는 양자 현상을 알지만 양자론을 이해하지 못하는 것에 대해 다음과 같이 바둑 규칙에 빗대어 생각해볼 수 있습니다. 우선 바둑 규칙에는 크게 두 가지가 있습니다. 원래 국제 규칙 한 가지만 있었으나, 1988년에 대만 재벌가이자 바둑 애호가였던 응창기가 40만 달러의 상금을 걸고 '응창기배 바둑대회'를 만들면서 응창기 규칙이란 것도 함께 만들었습니다. 당시 일본이 세계 바둑을 주름잡고 있었습니다. 이때 중국에서 섭위평이란 신예가 등장했는데, 응창기가 같은 민족인인 섭위평의 우승을 염두에 두고 대회를 만들었다는 후문이 있습니다. 국제 규칙과 응창기 규칙은 계산법이 완전히 다르지만, 어느 계산법을 따르든지 승자는 똑같습니다. 즉, 국제 규칙에 따라 바둑을 잘 두는 사람은 응창기 규칙에 따라 바둑을 두어도 이득을 보게 됩니다. 물리학자들이 하는 일은 직접 바둑을 두는 것이 아니라, 마치 신선들의 바둑 놀음(자연의 운행)을 구경하면서 바둑의 규칙을 찾아내는 것과 같습니다. 바둑계에서 전 세계적으로 통용되는 것은 국제 규칙이지만 응창기 규칙이 조금 더 합리적이라고 합니다. 양자론은 말하자면, 물리학자들이 응창기 규칙에 따라 두는 신선들의 바둑 놀음에서 찾아낸 국제 규칙인 셈입니다. 어떤 규칙을 따르더라도 자연의 운행을 설명할 수 있지만 한 규칙이 다른 규칙보다 더 합리적이고 이해하기 쉬울 수 있습니다. 안타깝게도 물리학자들은 더 단순하고 아름다운 규칙(응창기 규칙)을 발견하지 못하고 복잡하고 불합리한 규칙을 간신히 알아낸 듯싶습니다.

또 상대론에서 물질과 에너지가 궁극적으로 서로 같다고 하

© 윤성중

는 것처럼 양자론에서 덩어리와 파동이 궁극적으로 서로 같다고 했습니다. 언뜻 봐서는 이 말도 이해가 잘 안 될 수 있습니다. 덩어리는 눈에 보이는 '상相, 볼 수 있고 알 수 있는 모습을 뜻하는 불교 용어'이지만, 파동은 '상'이 아니기 때문입니다. 불교 경전에는 '약견제상비상 즉견여래若見諸相非相 卽見如來'라는 문구가 나옵니다. 이 말 뜻은, 만약 모든 상이 상이 아님을 알면 곧바로 그 자리에서 여래(진리로부터 진리를 따라서 온 사람이라는 뜻으로 부처를 달리 이르는 말)를 볼 수 있다, 즉 모든 상이 상이 아님을 깨닫게 되면 부처의 진리를 터득할 수 있다는 뜻입니다. 이처럼 부처의 진리를 인간의 관념으로 알 수는 있으나, 이해한다는 것은 불가능합니다. 마찬가지로 양자론을 인간의 관념으로 알 수는 있으나, 이해한다는 것은 불가능합니다.

불확정성의 원리

상대론의 핵심 키워드가 상대성이라면, 양자론의 핵심 키워드는 불확정성입니다. 불확정성이란 무엇인지 예를 들어서 설명해보겠습니다. 주파수가 10㎐인 파와 11㎐인 파가 있습니다. 이처럼 주파수가 비슷한 두 파를 합하면 간섭을 일으켜 진폭의 크기가 주기적으로 변하는 새로운 파를 형성합니다. 이것을 맥놀이 현상이라고 하는데, 양자역학적으로 해석하면 다음과 같습니다.

주파수는 운동량에 비례하므로(운동량 = $\frac{h}{c}$ × 주파수), 두 파를 어떤 입자의 상태로도 해석할 수 있습니다. 주파수가 10㎐인 파는 운동량이 $\frac{10h}{c}$로 명확하고, 주파수가 11㎐인 파는 운동량이 $\frac{11h}{c}$로 명확합니다. 두 파를 합한 합성파의 운동량을 측정하면, 두 운동량이 중첩된 것이므로 두 운동량 가운데 하나의 값으로 측정될 것입니다(양자적 상태가 중첩된 것을 측정하면 중첩된 상태가 측정되는 것이 아니라 중첩되기 전 상태들 가운데 하나의 상태로 측정된다고 했습니다). 즉, 합성파의 운동량을 측정하면 $\frac{10h}{c}$와 $\frac{11h}{c}$

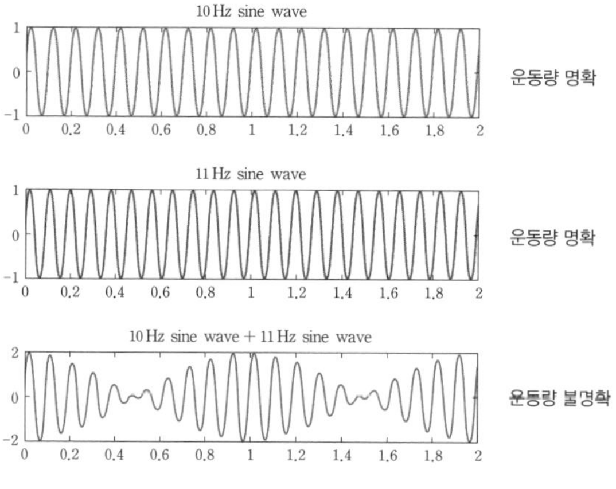

맥놀이 현상의 양자역학적 해석. 주파수가 비슷한 각각의 파는 운동량이 명확하지만, 이들의 합한 합성파의 운동량은 불명확하다. 대신에 입자가 발견될 위치는 좀 더 명확해진다.

중 하나의 값으로 측정될 것입니다. 다시 말해, 합성파의 운동량은 불명확하여 정확하게 알 수 없습니다. 만약 합성파의 운동량이 $\frac{10h}{c}$일 확률이 50%, $\frac{11h}{c}$일 확률이 50%라고 한다면, 평균 운동량은 $\frac{10.5h}{c}$가 되고 불확정성은 0.5가 됩니다. 이렇게 주파수에 불확실성이 생긴 덕분에 위치는 좀 더 명확해졌습니다. 주파수가 명확한 파동은 어디나 진폭이 일정하므로 위치를 전혀 알 수 없었으나, 주파수가 다른 두 파를 합성하니 진폭이 작은 부분이 생기고 그 위치에서 있을 가능성이 낮으므로 그만큼 위치는 잘 알게 된 것입니다. 이 정도의 설명이 최선입니다.

그렇다면 주파수가 비슷한 파들을 많이 합할수록 어떻게 될까요? 일단 운동량은 점점 더 불명확해집니다. 왜냐하면 파들이 많이 섞일수록 합성파의 운동량을 측정할 때, 측정될 가능성이 있는 파들이 많아지기 때문입니다. 그리고 다음 그림에서 보는 것처럼 합성파의 범위는 점점 더 좁아집니다. 이것은 곧 입자가

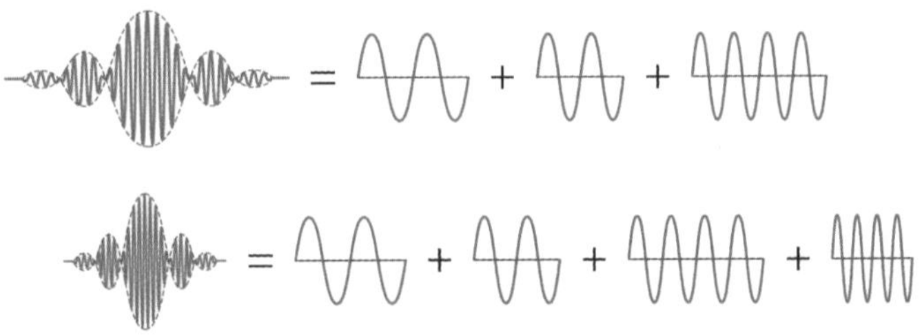

주파수가 비슷한 파들을 많이 합할수록 운동량은 점점 더 불명확해지지만, 입자가 발견될 위치는 점점 더 명확해진다.

발견될 위치가 점점 더 뚜렷해진다는 의미입니다. 즉, 운동량이 불명확할수록 위치는 더 뚜렷해지고, 반대로 운동량이 명확할수록 위치는 더 모호해집니다. 따라서 두 물리량의 불확정성을 동시에 작게 할 수 없습니다. 또한 두 물리량의 불확정성 가운데 하나를 0으로 만들 수도 없습니다. 이 내용을 하이젠베르크가 '운동량의 불확정성과 위치의 불확정성의 곱은 h보다 작을 수 없다'라고 정리했는데, 이것이 바로 양자론에서 말하는 '불확정성의 원리'입니다.

양자정보기술

오늘날 양자론은 다방면으로 활용되고 있으며, 특히 정보통신기술 분야에서 양자정보기술로 각광을 받고 있습니다. 지금까지 이야기한 내용을 바탕으로 양자정보기술의 기초인 양자암호통신Quantum Cryptography에 대해서 알아봅시다. 빛은 우리 눈이 반응하는 전자기파인데, 이 전자기파의 전기장 진동 방향이 일정한 빛을 '편광'이라고 합니다.

예를 들어 다음 그림과 같은 수직편광판에 여러 방향으로 편광된 각각의 빛을 통과시켜봅시다. 당연히 편광판과 같은 방향

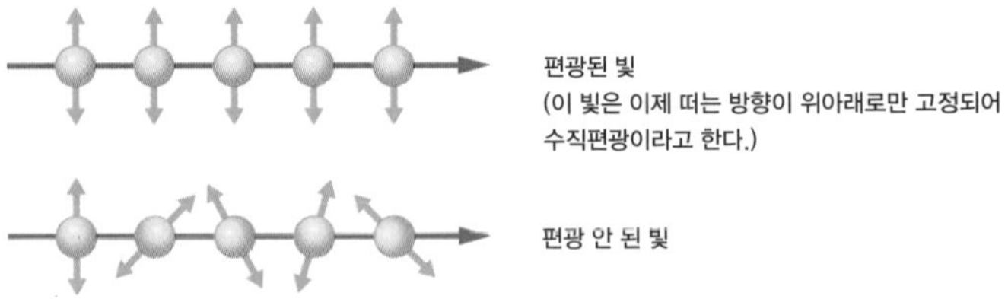

으로 편광된 수직편광은 100% 편광판을 통과할 것입니다. 반면에 편광판과 90° 방향으로 편광된 수평편광은 전혀 편광판을 통과하지 못할 것입니다. 그렇다면 편광판과 45° 방향으로 편광된 대각편광은 어떨까요? 양자역학적 관점에서 보면, 대각편광은 수직편광과 수평편광의 중첩된 상태라고 볼 수 있습니다. 그러므로 대각편광을 측정하면 수직편광과 수평편광, 둘 중 하나일 것입니다. 대각편광이 편광판을 통과한다면 중첩 상태를 측정하게 되는 것이고, 측정 행위의 결과는 수직편광 상태로 변했다는 것을 나타냅니다. 대각편광이 편광판을 통과하지 못한다면 수평편광 상태로 변했다는 뜻입니다. 즉, 대각편광이 100이 있

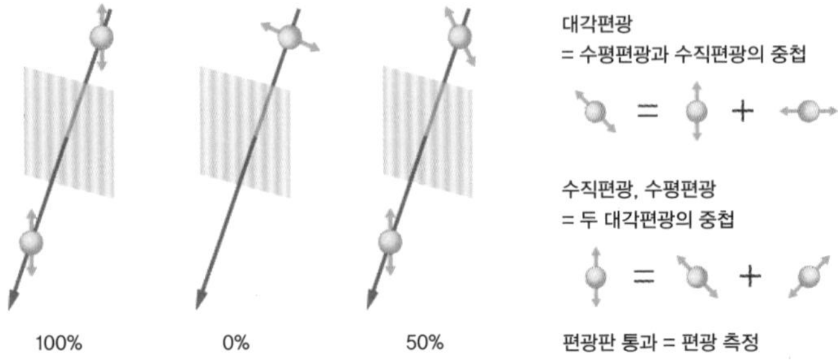

physics inside

편광판

전자기파는 전기장과 자기장이 교대로 진동하는 파동이다. 빛은 전자기파의 일종이므로 이러한 파동의 성질을 가짐과 동시에 입자의 성질도 가지고 있다. 이 입자를 광자라고 부르는데 광자 하나마다 전기장이 진동하는 방향이 제각각이다. 전기장의 진동 방향이 모두 같은 광자로만 구성된 빛을 편광이라고 부른다. 편광판이란 특정 방향의 편광만을 통과시키는 반투명체이다. 투명한 유리는 모든 방향의 편광을 통과시키고 일반적으로 반투명한 막은 모든 방향의 편광을 반은 흡수하거나 반사시키고 나머지 반을 통과시킨다. 빛의 흡수는 물질을 이루는 분자가 하는 것이다. 그런데 물질을 이루는 분자의 모양이 대칭적이지 않으면 빛을 흡수하는 정도도 진동하는 전자기파의 방향에 따라 달라진다. 이런 방향성이 매우 좋은 분자들이 모두 같은 방향으로 잘 정렬된 막을 만들면 이 막은 특정 방향의 편광만 잘 투과할 수 있으며 이것이 바로 편광판이다. 좋은 선글라스는 편광판으로 만든다. 태양에서 오는 빛은 전기장 진동 방향이 다른 모든 광자들을 다 포함하고 있다. 그런데 이런 빛이 지표면에 닿으면 수평 방향의 편광이 잘 반사되어 나온다. 그렇기 때문에 이런 수평 성분만을 걸러내는 편광판을 쓰면 전체적으로 시야가 어두워지지 않으면서도 눈부심을 방지할 수 있다. 스키장이나 해변가에서는 특히 수평편광이 아주 많으므로 이런 곳에서 편광 선글라스가 매우 유용할 것이다. 싸구려 선글라스는 편광판이 아니고 그냥 반투명 플라스틱 같은 것으로 만든다. 이런 선글라스는 수평편광과 수직편광 모두 반으로 줄이므로 눈부심이 없어짐과 동시에 시야가 침침해진다. 반사 선글라스의 경우도 마찬가지다.

을 때 50만 편광판을 통과하는 것이 아니라, 매번 50%의 확률로 편광판을 통과하는 것입니다. 편광판을 오른 방향으로 45° 틀어서 수직편광을 측정한다면, 수직편광 역시 서로 대칭적인 두 대각편광의 중첩 상태로 볼 수 있고, 수직편광은 매번 50%의 확률로 편광판을 통과할 것입니다.

아래 그림의 간단한 문제를 풀어봅시다. 첫 번째 문제는 수직편광을 여러 편광판에 통과시키는 것입니다. 수직편광판에는 100% 통과합니다. 수평편광판에는 100% 통과하지 못합니다. 대각편광판에는 통과할 수도 있고, 통과하지 못할 수도 있습니다. 수직편광이 대각편광판을 통과하면 대각편광으로 상태가 변합니다. 두 번째 문제도 쉽게 풀 수 있습니다. 대각편광을

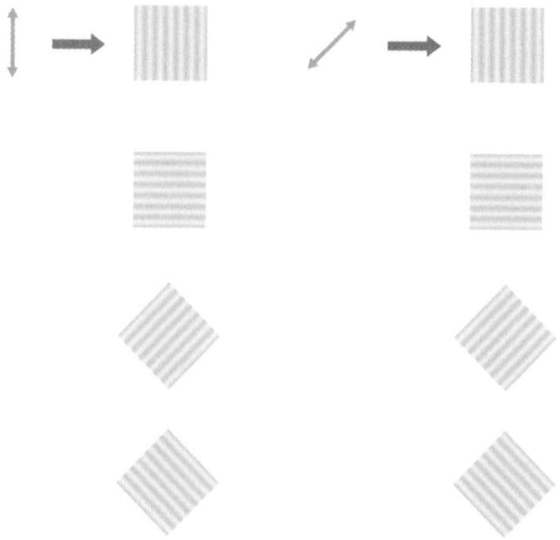

수직편광과 대각편광을 여러 편광판에 통과시키는 문제.

수직편광판에 통과시키면, 50% 확률로 통과하고, 통과하고 나서 수직편광으로 상태가 변합니다. 수평편광판에도 마찬가지로 50% 확률로 통과하고, 통과하고 나서 수평편광으로 상태가 변합니다. 동일 방향의 대각편광판에는 100% 통과하지만, 반대 방향의 대각편광판에는 100% 통과하지 못합니다. 이제 양자암호통신을 알아보기 위한 몸풀기가 끝났습니다.

갑돌이가 을순이에게 어떤 신호를 보내는 것을 도청하는 상황을 생각해봅시다. 즉, 갑돌이가 을순이에게 보내는 신호의 일부를 누군가가 따서 몰래 듣고 있는 상황입니다. 만약 이 신호를 빛(광자)으로 보낸다고 합시다. 한 번 신호를 보낼 때, 광자가 10개쯤 간다고 하면 도청자가 1을 따고 9를 보내줘야 갑돌이와 을순이가 도청당하는 것을 눈치 채지 못할 것입니다. 도청을 막기

도청을 차단할 방법은 없는 걸까?

위해 한 번 신호를 보낼 때, 광자 1개씩만 보내기로 합니다. 광자는 쪼개지지 않으므로 언뜻 생각하면 단일 광자 신호는 도청이 불가능할 것 같습니다. 그러므로 도청자가 할 수 있는 일은 광자 한 개의 상태를 읽고 을순이가 모르도록 똑같은 광자를 만들어 보내는 일입니다. 양자암호통신이란 바로 도청자가 이러한 형태의 도청을 하지 못하도록 하는 기술입니다. 여기서 중첩상태의 편광을 편광판에 통과시켜 측정하는 양자역학적 원리가 유용하게 쓰입니다. 이 방법을 쓰면 우주 안에서 도청 행위는 절대로 불가능합니다. 지금부터 그 방법을 소개하겠습니다.

네 방향의 편광과 편광판을 이용해서, 예컨대 0은 수직편광이나 대각편광(+45°)으로 보내고, 1은 수평편광이나 대각편광(−45°)으로 보내기로, 갑돌이와 을순이가 사전에 합의합니다. 단, 0을 보낼 때 수직편광과 대각편광(+45°) 중 어느 것으로 보

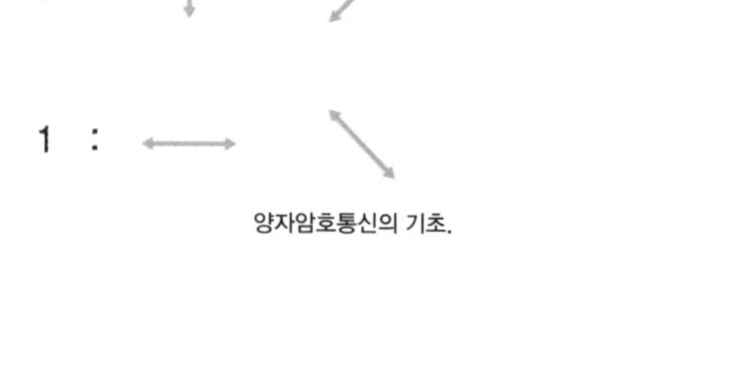

양자암호통신의 기초.

낼지, 1을 보낼 때 수평편광과 대각편광(−45°) 중 어느 것으로 보낼지는 사전에 합의하면 안 되고 무작위로 보내야 합니다. 그래야만 통신 과정에서 도청을 당하거나 혹은 둘 중 한 명이 적군에게 납치된다 하더라도 암호가 해독될 염려가 없기 때문입니다. 갑돌이가 을순이에게 보내려는 암호가 포함된 원문을 '10011'이라고 합시다. 편광판은 주사위를 굴려서 무작위로 정합니다. 따라서 어떤 편광판에 통과시킬지 을순이나 제3자는 알 수 없습니다.

무작위로 정해진 첫 번째 편광판은 양대각편광판입니다. 양대각편광판으로 '1'을 보내려면 약속대로 수평편광과 대각편광(−45°) 중에서 대각편광(−45°)을 보내야 합니다. 무작위로 정해진 두 번째 편광판은 수직수평편광판이고, 이것으로 '0'을 보내려면 역시 약속대로 수직편광과 대각편광(+45°) 중에서 수직편광을 보내면 될 것입니다. 세 번째 이후부터 무작위로 정해진 편

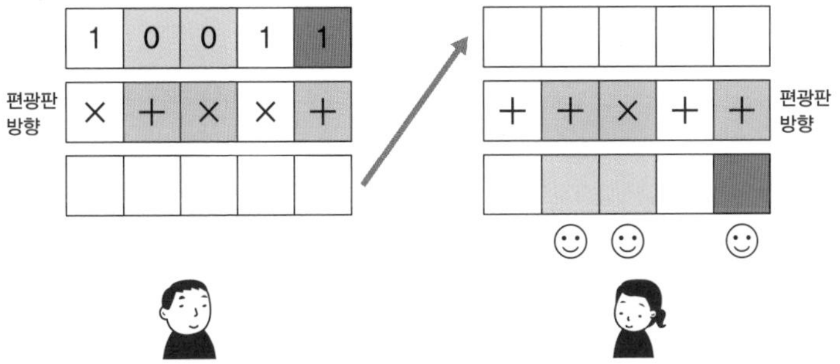

광판이 차례대로 양대각편광판, 양대각편광판, 수직수평편광판이라면, 갑돌이가 을순이에게 보내는 암호가 들어 있는 신호는 '↘ ↕ ↗ ↘ ↔'이 됩니다.

이 신호가 을순이에게 전달되면 을순이도 이를 읽기 위해 편광판을 사용해야 하는데, 어떤 편광판을 사용할지 역시 주사위를 굴려 결정합니다. 첫 번째 편광판이 수직수평편광판이라고 합시다. 그럼 첫 번째 코드인 대각편광(−45°)은 수직편광과 수평편광의 중첩 상태로 볼 수 있으므로 50% 확률로 수직수평편광판을 통과합니다. 그리고 통과하고 나면 편광 상태는 수직편광 또는 수평편광으로 바뀝니다. 임의로 수평편광으로 바뀌었다고 합시다. 두 번째 편광판도 수직수평편광판으로 무작위로 정해졌습니다. 두 번째 코드인 수직편광은 100% 확률로 수직수평편광판을 통과하고, 을순이에게 수직편광 그대로 전달됩니다. 세 번째 이후부터 무작위로 정해진 편광판이 차례대로 양대각편광

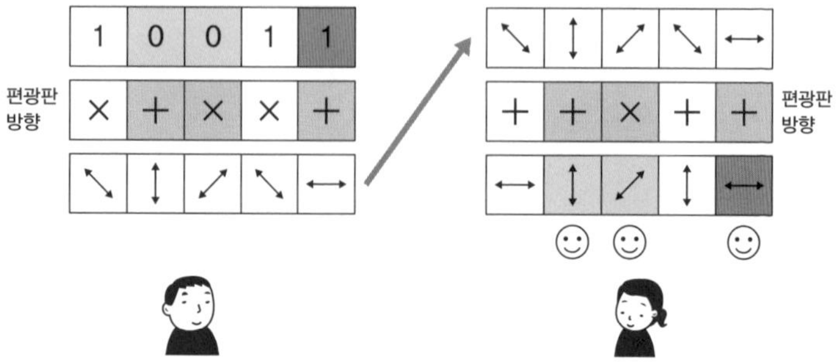

판, 수직수평편광판, 수직수평편광판이라면, 을순이에게 전달된 최종 신호는 '↔ ↕ ⤢ ↕ ↔'이 됩니다.

아직 을순이는 어떤 코드가 옳게 전달됐는지 모릅니다. 을순이는 옳게 전달된 코드를 식별하기 위해서 갑돌이에게 전화를 걸어 각자가 사용한 편광판 방향에 대해서만 이야기합니다. 을순이는 갑돌이와 자신의 편광판 방향이 일치하는 게 두 번째, 세 번째, 다섯 번째임을 알게 됩니다. 따라서 중간에 도청만 당하지 않았다면, 을순이는 자신에게 옳게 전달된 코드는 두 번째, 세 번째, 다섯 번째이고, 첫 번째, 네 번째 코드는 신뢰할 수 없음을 알게 됩니다. 을순이는 갑돌이와 사전에 합의한 내용을 바탕으로 옳게 전달된 코드를 올바르게 해석할 수 있습니다. 즉, 두 번째, 세 번째, 다섯 번째 코드는 순서대로 0, 0, 1입니다. 그런데 이 신호가 도청을 당했을지도 모르기 때문에 암호 코드를 제외한 나머지 코드로 검산합니다. 검산 방식은 다섯 번째 코드가 암호 코드일 때, 두 번째 코드와 세 번째 코드를 맞춰보면 됩니다. 검산 결과 갑돌이가 보낸 코드와 을순이가 해석한 코드가 일치하면, 중간에 도청당하지 않고 암호가 안전하게 전달된 것입니다. 왜냐하면 암호가 포함된 이 신호가 도청당했을 경우, 검산 결과가 갑돌이와 을순이가 일치하지 않게 나올 수 있기 때문입니다. 이렇게 해서 갑돌이가 을순이에게 전달한 신호가 도

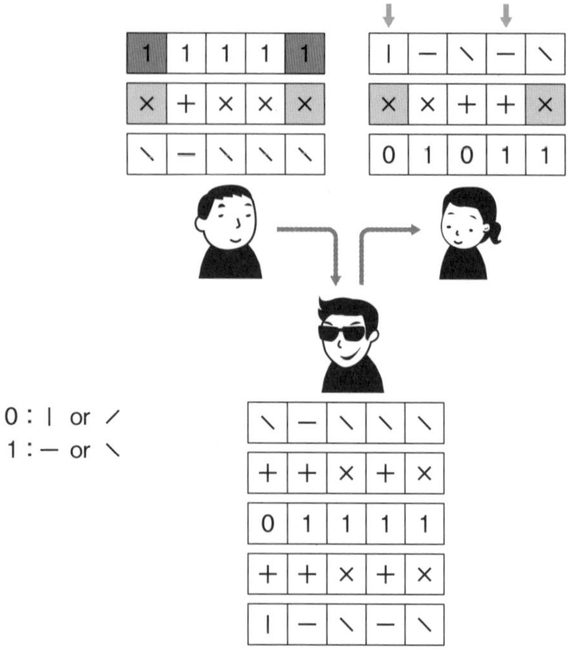

도청당한 경우의 예. 갑돌이가 을순이에게 '11111'을 보내려고 무작위로 설정한 편광판을 통해 편광된 신호로 보낸다. 그런데 중간에 도청자가 이 신호를 따서 자신이 임의로 설정한 편광판을 통해 받아들여 해독하고선, 해독한 신호를 똑같은 편광판을 써서 을순이에게 보낸다. 이때부터 암호 전달 체계에 오류가 생긴다. 왜냐하면 도청자는 갑돌이가 쓴 편광판 방향을 알 수 없기 때문에 갑돌이와 다른 편광판 방향으로 신호를 받아들일 수밖에 없고, 따라서 암호 해독이 틀릴 수밖에 없기 때문이다. 결국 도청당한 신호를 받은 을순이는 검산 과정에서 자신에게 옳게 전달되었어야 할 첫 번째 코드가 갑돌이가 보낸 것과 다르다는 것을 알게 된다. 이렇게 하여 을순이는 도청당한 것을 눈치 채고 암호를 폐기한다.

청당했는지의 여부를 알 수 있고, 만약 도청당했다면 암호를 폐기하면 됩니다. 이 얼마나 완벽한 도청 차단 방법인가요! 나는 이 방안을 고안해낸 사람도 언젠가 노벨상을 받으리라 예상합니다.

지금까지 도청이 근본적으로 불가능한 양자암호통신에 대해서 알아봤는데, 최초의 암호통신은 '시저의 암호법'입니다. 예를 들어 'K NQXG AQW'라는 암호문이 있습니다. 이게 무슨 뜻일까요? 시저의 암호법은 비교적 단순합니다. 이 암호문의 경우, 알파벳 철자를 두 개씩 밀려 쓴 것이므로 암호키는 2입니다. 따라서 이 암호문을 해독하면 'I LOVE YOU'가 됩니다. 이렇게 시작된 암호통신은 오늘날 '공개열쇠암호방식' 또는 '비밀열쇠암호방식'으로까지 발전했습니다. 소인수분해의 어려움을 이용한 공개열쇠암호방식은 보안을 뚫기가 쉽지 않으며, 비밀열쇠암호방식은 대표키를 철저한 보안 속에 유지하는 가장 안전한 방식이지만, 언젠가 양자컴퓨터가 발명되면 이런 방식의 보안을 다 뚫을 수 있습니다.

양자컴퓨터의 성능이 얼마나 대단한가 하면, 예컨대 10^{16}개의 자료 중 원하는 자료 딱 1개를 찾고자 할 때, 오늘날 컴퓨터를 이용하면 무려 300년이나 걸리지만 양자컴퓨터를 이용하면 1분 만에 해결할 수 있습니다. 이런 양자컴퓨터를 은행계좌번호나 비밀번호 등을 해킹하는 데 악용하면 현재의 금융시스템은 금방 마비될 것입니다. 그뿐만이 아닙니다. 양자컴퓨터를 더 큰 목적으로 악용하면 전 세계적으로 군사시스템을 순식간에 해킹하고 교란시켜 제3차 세계대전을 일으킬 수도 있습니다. 양자역학을 이용한 양자암호통신과 양자컴퓨터는 이처럼 창과 방패를

모두 제공할 수 있다는 점을 반드시 염두에 두어야 합니다.

가장 미세한 근본 입자인 쿼크 가설을 내세워 1969년에 노벨 물리학상을 수상한 머레이 겔만.

양자론에 대해 내가 하려던 이야기는 여기까지입니다. 마지막으로 머레이 겔만Murray Gell-Mann, 1929~이라는 물리학자가 한 말을 들려주면서 끝맺도록 하겠습니다. 겔만은 한때 파인만과 함께 칼텍CALTECH, California Institute of Technology의 이론 물리를 이끌면서 입자물리학으로 노벨상을 받았던 만큼 굉장히 똑똑한 사람이지만, 한편으론 오만하기로 유명한 사람이기도 합니다. 그는 다음과 같은 말을 남겼습니다. "양자역학을 아는 사람과 모르는 사람의 차이는 모르는 사람과 원숭이의 차이보다 크다." 이 말 뜻은 양자역학을 모르는 사람은 원숭이보다 지능이 더 낮은 금붕어쯤이나 다름없다는 것인데, 겔만이 보기에 여러분은 이번 시간 덕택에 겨우 금붕어 신세를 면한 셈입니다.

이순칠

카이스트 물리학과

전자기 : 전하가 움직이면 복잡해진다 1부

2부 **상대론 :** 우리가 만약 빛의 속도로 달린다면?

양자역학 : 빛과 물질의 이중성 3부

4부 물리학자와 함께하는 상상초월 토크 콘서트

phys

대담자 이순칠 정재승

청중 상상초월 석학강연 강의를 수강한 학생 및 학부모

곳 KT&G 상상마당

talk

물리학자와 함께하는 상상초월 토크 콘서트

"만약 다시 살게 되어 학문을 하게 된다면
또 물리학을 하게 될 것 같아요.
물리만큼 재미있는 학문은 없으니까요."

정재승 안녕하세요. 석학강연은 학교 교실에서가 아니라 다른 공간에서 좀 더 새롭고 참신한 방식으로 과학을 접할 수 있는 기회를 만들어보고자 기획되었고, 여러분의 자발적인 참여로 즐겁게 진행된 것 같습니다. 강연을 들으면서 물리학자에게 묻고 싶은 부분들이 많이 있었을 것 같아요. 그래서 이순칠 교수님을 모시고 여러 가지 궁금했던 것들을 여쭤보려고 합니다. 먼저 상상초월 석학강연을 하신 소감부터 여쭙고 싶습니다. 색다른 경험이셨을 텐데, 세 번의 강연을 준비하고 강연하시면서 어떠셨나요?

이순칠 고등학생들을 대상으로 강의해본 것은 처음이었어요. 그런데 과학 지식의 수준이 일반인이나 고등학생이나 크게 차이가 나지 않는다는 얘기를 듣고는, 일반인들을 대상으로 강의를 한다면, 내가 어떤 강의를 하고 싶은지 생각해보게 되었죠.

정재승 일단 즐기셨는지 궁금합니다. 교수님께서는 즐기는 게 중요하다고 생각하시잖아요.

이순칠 재미있었습니다. 해나무에서 처음 강연을 의뢰했을 때, 과학 쪽 대중강연이 많은데 왜 또 한 번 하나, 이런 생각이 들었어요. 그런데 수박 겉핥기식으로 다루지 말고 물리학 개념을 깊이 있게 잘 설명해달라고 요청하더라고요. 그것이 마음에 들었어요. 시중에 상대성이론에 대한 책은 참 많은데, 결국 피상적으로 다루거나 키워드만 다루더라고요. 고등학생들에게 물리 법칙이 왜 그렇게 작동하는지 조금이라도 자세히 설명할 수 있다면 보람이 있겠다 싶었습니다.

정재승 교수님을 석학강연에 모시게 된 데에는 비하인드 스토리가 있습니다. 교수님께는 처음 말씀드리는데요, 사실 저는 카이스트를 다닐 때 교수님의 양자역학 수업을 들었습니다. 양자역학은 어렵기도 하지만, 기존에 배웠던 것들과는 굉장히 다른 학문이잖아요. 당시 교수님께서는 우리 학과에 오신 지 얼마 안 되는 젊은 교수였습니다. 어느 날 수업 시간에 들어오셔서는 이렇게 말씀하시는 것이었습니다. "제가 앞으로 수업을 해서 여러분에게 뭔가를 가르치면, 여러분은 아, 이건 아닌 것 같다, 하고 생각할 겁니다. 현실 세계의 경험만을 가지고 있는 여러분은 미시 세계에서 일어난다고 하는 일들을 도저히 받아들일 수 없을 것이고, 그래서 배운 것들이 왜 말이 안 되는지를 계속 머릿속에서 찾을 겁니다. 그런데 그런 고민을 하는 것은 너무나도 중요하고 좋지만, 결국 그 논쟁의 끝에 다다르게 되면 제가 이야기하는 양자역학이 맞고 여러분이 현실을 기반으로 해서 한 생각과 접근은 잘못되었다는 것을 알게 될 것입니다. 이번 기회에 껍질을 깨고 새롭게 물리학을 바라보았으면 좋겠습니다." 그 이야기를 듣고 이후 저는 교수님 말씀대로 수업 내내 여기도 있을 수 있고 동시에 저기도 있을 수 있다는 둥, 입자와 파동이 같은 현상의 양면이라는 둥, 평소에 생각하던 것과는 굉장히 다른 방식의 개념을 받아들이려고 무던히도 애써보았습니다. 그 시간은 고전역학이나 일상에서의 경험에 매몰되어 있다가 새로운 학문 분야로 들어가게 되는 시간이어서 제게 많은 도움이 되었습니다. 물리학의 참맛을 느끼게 되는 그런 시간이었습니다. 그래서 제 경험을 여러분과 함께 공유했으면 하는 마음에 교수님을 모시고 싶었습니다. 그러고 보니, 제가 교수님의 양자역학 수업을 들은 지 정확히 20년이 지난 후에, 여러분과 이 수업을 나눈 거네요. 교수님께서는 양자역학 수업을 하실 때, 그 이후로도 학생들에게 계속 그런 말씀을 하셨나요?

이순칠 비슷한 얘기를 했죠. 여기서도 그런 얘기를 했고요. 그런데 고등학생들이 제 얘기를 받아들이는 것은 훨씬 더 어려웠을 것 같아요. 그 점에 대해서는 미안하게 생각해요. 여러 번 고등학생들에게 강의를 진행해보았다면 조금 더 받아들이기 쉽게 얘기할 수도 있었을 것 같은데 말이죠. 쉽게 설명하려고 애는 많이 썼는데 잘 안 됐던 것 같기도 해요.

정재승 교수님께서는 어떻게 처음 물리학과에 가야겠다고 생각하셨나요? 중고등학교 시절 이야기를 좀 해주세요.

이순칠 고등학교 3학년 때 제 뒤에 있던 녀석이 물리학과를 가자고 꾀어서, 결국 그 친구랑 손잡고 물리학과에 들어갔습니다. 그때 물리학과를 간다고 하니까 부모님께서 "야, 네 머리로 되

"제 경험을 여러분과 함께 공유했으면 하는 마음에
교수님을 모시고 싶었습니다. 그러고 보니,
제가 교수님의 양자역학 수업을 들은 지
정확히 20년이 지난 후에,
여러분과 이 수업을 나눈 거네요."

겠냐?", "거기 가면 배고프다."라고 하시더군요. 그때도 그런 얘기를 했어요. 그런데 딱 두 사람이 해보라고 하더군요. 그중 한 사람이 그 친구였어요. 그렇게 격려한 사람이 있었기 때문에 물리학과에 가게 된 것 같습니다. 그런데 대학에 들어가니까 고민이 더 커졌어요. 고3 때는 여러 가지 고민이 많아도 일단 억누르고 공부를 했는데, 대학에 들어가니까 자유를 주체할 수가 없었습니다. 다 마음대로 하라고 하니까 어떻게 살아야 하나, 이런 고민이 많이 생기더라고요. 그때 저는 상당히 순진하게 어떻게 생각했냐면, 이 세상에 진리라는 것이 있다면, 그 진리의 기준에 맞춰 살면 되겠구나, 했어요. 진리라는 게 있다면 진리에 가장 직접적으로 접근해서 알 수 있는 학문은 물리학이라고 생각했습니다.

정재승 요즘 제가 학생들을 만나 얘기를 해보면, 그들이 보기에, 이 우주가 어떻게 출현했는지와 같이 근본적인 질문을 탐구하고 싶어서 물리학을 선택한다는 것은 굉장히 비현실적이고 낭만적인 접근이더라고요. 근본적인 질문을 탐구하는 삶이 고고하고 멋있다고 생각하는 학생들은 없었어요. 제가 물리학과에 갈 때만 해도, 물리학자가 된다면 사람들이 나를 멋있게 볼 거야, 라고 생각했거든요. 막상 현실에서는 저를 걱정하는 눈빛으로 보더라고요. 그런 현실적 괴리감을 물리학자가 된 후에야 알게 됐죠. (웃음) 그건 그렇고, 교수님께서는 왜 물리학 분야 가운데에서도 고체물리학 쪽을 선택하셨나요?

이순칠 물리학과에 진학하면 가장 똑똑하다는 사람들은 대개 입자물리학을 선택합니다. 대개 물리학을 전공하는 사람들을 실험하는 사람과 이론하는 사람으로 나누어요. 저는 고체물리 실험을 하고요. 대학교 4학년 때 입자물리를 해보려고 졸업 논문도 그 분야로 썼어요. 입자물리와 통계물리가 물리학 분야에서는 가장 순수한 분야죠. 처음 뉴턴 법칙을 배웠을 때, 세상의 법칙이 이렇게 단순 명쾌하게 설명이 되는구나, 하는 마음에 물리학이라는 학문에 굉장히 매료되었습니다. 그런데 대학에 가서 배워보니까 수없이 많은 근사가 이뤄지더라고요. 그 부분에서 상당히 크게 실망을 했었죠. 입자물리만은 안 그런 줄 알았는데, 계산이 엄청나게 복잡할 뿐 아니라 근사도 많이 들어갔어요. 다른 분야보다는 낫기는 하지만 그래도 아쉽다는 생각이 들었어요. 어차피 그럴 거면 먹고 살기 편한 데로 가야겠다고 생각했죠. 참고로 노벨 물리학상은 대부분 실험물리학자에게 수여되곤 하는데, 실험이 훌륭해서라기보다는, 대부분의 위대한 발견이 실험하다가 우연적으로 발견되기 때문이죠. X-선처럼, 굉장히 많은 실험들이 다른 것을 실험하다가 예상치도 않은 것을 발견합니다. 그래서 실험물리학자들은 정말 새로운 것은 실험이 발견한다고 생각하고 있죠. 그리고 솔직히 고백하자면, 내가 좋아서 하는 일이긴 한데, 하루 8시간 이상은 책상에 못 앉아 있겠더라고요. 세부 전공을 선택할 당시에 저는 이론물리학자들은 하루 종일 책상에 앉아서 공부만 해야 하는 줄 알았어요. 반면 실험은 실험실을 왔다 갔다 할 수 있으니까, 더 신나게 물리학을 할 수 있을 것 같았습니다. 그래서 실험 쪽으로 방향을 잡게 되었습니다.

정재승 실험 쪽을 선택한 것에 대해 후회는 없으신가요?

이순칠 후회하지는 않는 것 같아요. 이론을 했어도 크게 후회하지는 않았을 테고요. 장단점이 있으니까요.

정재승 지금 와서 생각해보았을 때, 혹시 매력을 느끼는 다른 분야가 있으신가요? 물리학 내에서도 좋고요, 다른 학문이어도 좋습니다. 다시 태어나서 학자가 되었을 때 공부해보고 싶은 분야는 무엇인가요?

이순칠 글쎄요. 나이가 들어가면서 문과쪽 학문에 관심이 가는 것 같기는 한데요, 다시 학문을 한다고 하면 또 물리학을 할 것 같아요.

정재승 오 정말로요?

이순칠 그런데 다시 살게 된다면 학문을 할 것 같지는 않아요. 다시 태어난다면 도박사가 되고 싶어요. 그런데 할 수 없이 학문

"물리학을 전공하는 사람들은
나름의 자부심을 갖고 있습니다.
왜냐하면 다른 곳에 가서 다른 것을 하게 돼도
금방 잘 배운다고 생각하거든요.
합리적으로 사고하는 교육을 받았기 때문에
다른 것도 잘할 수 있다는 거죠.
저는 모든 사람이 합리적으로 생각할 수 있으면
세상이 밝아질 것이라고 생각해요.
떼를 쓰거나 우기거나 하지 않고요. 약속도 지키고요."

을 하게 된다면 또 물리학을 하게 될 것 같아요. 물리만큼 재미있는 학문은 없으니까요.

정재승 물리 아니면 도박이라고요? 이 이야기의 끝을 잘 맺어야 하는데, 왜 도박인가요? 어떤 매력을 느끼셨나요?

이순칠 로또 복권을 사는 종류의 도박 말고요, 확률을 잘 계산해서 어떻게 하면 이길 확률이 높은지 나름대로 판단한 후에 그 판단이 맞아떨어지는지 아닌지 확인해볼 수 있는 도박을 말하는 거예요. 예측한 것이 맞아떨어지면 쾌감이 일 것 같고요. 어떤 일을 계획했는데, 그게 계획대로 맞아떨어지는 것이 재미있을 것 같더라고요. 한국에서 도박이라고 하면 순전히 사기와 투기로 여겨지지만. 예를 들면 미국의 도박사들은 이렇게 접근합니다. 하루에 100달러만 따겠다, 그러면 평균적으로 한 달에 3000달러를 벌면 살 수 있으니까. 그런 모습이 멋져 보이더라고요. 우리나라같이 10000원을 내고 100억을 따겠다, 이렇게 하는 것은 전문 도박사라고 할 수가 없죠. 그것은 투기라고 봐야겠죠.

정재승 멋진 얘기네요. 물리학을 전공하지 않더라도 중고등학교 때에라도 물리학을 배워야 한다고 한다면, 그 이유는 무엇이라고 말하고 싶으신가요?

이순칠 우리처럼 학문하는 사람들은 기본적으로 좋아서 하는 거예요. 그런데 물리학을 전공할 것도 아닌데 왜 물리학을 배워야 하는지를 묻는다면, 저는 그래야 세상이 밝아지기 때문이라고 얘기하고 싶어요. 물리학을 전공하는 사람들은 나름의 자부심을 갖고 있습니다. 왜냐하면 다른 곳에 가서 다른 것을 하게 돼도 금방 잘 배운다고 생각하거든요. 합리적으로 사고하는 교육을 받았기 때문에 다른 것도 잘할 수 있다는 거죠. 저는 모든 사람이 합리적으로 생각할 수 있으면 세상이 밝아질 것이라고 생각해요. 떼를 쓰거나 우기거나 하지 않고요. 약속도 지키고요. 그래서 물리를 배워야 하는데, 요즘 고등학생의 2%만이 물리를 선택한다는 게 안타깝습니다.

정재승 물리학에 몸담고 있다 보면, 아주 뛰어난 물리학자를 동경하기도 하고, 영향을 받기도 할 텐데요, 개인적으로 '이런 물리학자가 되고 싶다'라고 생각하게 만든 매력적인 물리학자들이 있다면 누구인가요?

이순칠 기본적으로 저는 학문을 호기심의 충족이라고 생각해요. 베토벤은 "학문과 예술만이 인간을 신성에까지 끌어올린다"라는 말을 자주 했는데, 사실 학자와 예술가들은 학문과 예술이 숭고해서 추구한다기보다는 궁금해서 하는 것이거든요. 저는 그 말이 정말 맞다고 생각해요. 유학 얘기를 해볼게요. 유학을 떠나기 전에는 주위 사람들이 헝그리 정신으로, 그러니까 뼈를 묻는다는 마음으로 열심히 하라는 얘기를 귀에 못이 박히도록 하는 거예요. 그런데 막상 유학을 가니까 거기선 즐기라는 거예요. 여러분들도 요즘 많이 들을 거예요. 열심히 하는 사람이 즐기는 사람을 못 따라간다. 처음엔 즐기라는 말을 이해를 못했는데, 이제는 즐길 줄 아는 사람이 결국 훌륭한 학자가 아닌가 하는 생각이 들어요. 저도 여러분보다 나이가 어렸을 때, 아인슈타인을 알고는 '저런 것을 사람이 할 수 있구나' 하는 생각에 감명을 받았죠. 나중에는 리처드 파인만에 매력을 느꼈습니다. 물리학 쪽에서는 스티븐 호킹보다 훨씬 더 유명한 사람이죠. 그분은 물리학을 하면서도 인생을 즐기며 산 사람인 것 같아요. 그런 것도 훌륭한 학자의 모습이라고 생각해요. 즐길 수 있다는 것 말예요.

정재승 사실 저는 고등학교 다닐 때, 도대체 물리학자가 되면 어떤 삶을 살게 될까, 하루의 일상이 어떻게 펼쳐질까, 이것이 진짜 궁금했어요. 그런데 아무도 그것을 가르쳐주지 않는 거예요. 어디에 물어보기도 좀 그렇고요. 물리학자로 산다는 것은 도대체 어떤 것인가? 아침에 출근해서 책상에 앉아 종이에 계산을 하면서 하루를 보내고, 강의를 준비하고 강의를 하는 게 물리학자의 삶인가? 그때는 물리학자의 삶을 가늠할 만한 기초 정보조차 없어서 상상이 잘 되지 않았어요. 물리학자로서 삶을 산다는 것이 어떤 것인지, 학생들이 상상할 수 있게, 교수님의 일상을 소개해주세요.

이순칠 저는 직업이 교수이다 보니, 물리학자로서의 삶보다는 교수로서의 삶을 살고 있는 것 같아요. 강의 준비도 하고, 학생들을 위해 새로운 교육과정을 개발하기도 하죠. 행정 업무도 굉장히 많습니다. 회의도 하고요. 요즘은 회의를 일주일에 1~2번 정도 합니다. 대개는 오전에 이론물리학 논문을 찾아서 동향을 쭉 살핀 다음, 오후에는 실험실의 실험이 제대로 이뤄지고 있는지 살핍니다. 대학원생들이 잘 실험하고 있는지, 실험 장치가 제대로 작동하고 있는지를 점검하고요.

정재승 교수님께서 생각하시기에, 현재 물리학계가 당면한 매우 중요한 문제가 있다면 무엇인가요?

이순칠 실험물리학자의 입장에서 보면, 한마디로 '양자 상태 컨트롤'이 현재의 화두라고 생각해요. 나노(n)는 10^{-9}을 의미하는데, 나노를 다루는 물리학은 크게는 1000n, 작게는 0.1n까지 다룹니다. 0.1n면 1옹스트롬(Å)이죠. 여기서 중요한 것은 나노 사이즈가 되면 양자 현상이 들어온다는 겁니다. 그래서 나노 현상 하나하나를 잘 컨트롤할 수 있어야 하는데, 아직은 그것을 컨트롤하는 능력이 좋지 않습니다. 일부 되고 있기는 합니다. 만약 컨트롤을 잘 할 수 있게 되면, 양자컴퓨터도 만들 수 있을 겁

"기본적으로 저는 학문을
호기심의 충족이라고 생각해요.
베토벤은 '학문과 예술만이 인간을
신성에까지 끌어올린다'라는 말을 자주 했는데,
사실 학자와 예술가들은 학문과 예술이
숭고해서 추구한다기보다는 궁금해서 하는 것이거든요.
저는 그 말이 정말 맞다고 생각해요."

니다. 양자컴퓨터가 만들어진다면, 이것은 양자 현상을 인간이 마음대로 제어하는 사건이므로, 인류사에서 매우 상징적인 일이 될 것입니다. 그러나 그 일은 10년 안에는 이루기 힘들 것으로 보여요. 아마 여러분 세대는 양자 현상을 제대로 지배하는 그런 세대가 될 수 있지 않을까 생각합니다.

정재승 양자컴퓨터 상용화는 언제 가능할 거라고 보십니까?

이순칠 당분간 상용화는 힘들 것 같아요. 왜냐하면, 양자컴퓨터가 만들어지면 암호를 깨는 데 굉장히 효율적인 도구로 사용할 수 있기 때문입니다. 만약 만들어진다면 현존하는 암호 체계가 무너질 겁니다.

정재승 위험해서 상용화를 안 한다고요?

이순칠 그렇죠. 한참 동안 그런 게 있다는 것을 얘기하지 않을 수도 있어요. 어쨌거나 제가 판단하기엔 상용화되는 데 20년은 더 걸릴 것 같아요. 먼저 나노기술이 발달되어야 하거든요. 나노기술이 발달되면 사정이 달라지겠죠. 지금은 나노기술이 덜 발달되어서 양자 현상 컨트롤이 안 되고 있죠.

정재승 여기 앉아 있는 학생들도 경험하고 있을 텐데요, 우리는 과학을 즐겁게 배우지는 않는 것 같습니다. 어떻게 물리학을 가르치면 좋을까요?

이순칠 이번 석학강연을 준비할 때, 아내를 대상으로 시범 강의를 해보았습니다. 아내는 화학 교육을 전공했죠. 자료를 준비한 다음에 시험 삼아 강의를 했는데, 아내가 제게 말하기를, 잘 가르치면 다 이해할 수 있는데 잘 가르치지 못해서 이해할 수가 없다는 거예요. 교육학자들의 말을 따르자면, 잘만 가르치면 중고등학생들에게 충분히 상대성이론도 가르칠 수 있다는 거예요. 그래서 아내가 이해할 때까지 강의 내용을 여러 번 바꿔서 해보았어요. 그나마 그렇게 한 단계 걸러져서 이번에 학생들에게 강의를 했죠. 그런데도 어려웠던 것 같아요. 만약 아내에게 강의를 하지 않았다면 내용이 훨씬 어려웠을 것 같아요. 과학 교육에 대해 제가 기본적으로 갖고 있는 생각은 이렇습니다. 관측을 하든 문제를 풀든, 어떤 조그만 문제라도 자기가 즐길 만한 수준으로, 그리고 즐길 만한 속도로 진행되어야 한다고요. 그런데 난도를 평균에 맞춰놓으면, 어떤 학생에게는 즐길 만한 수준이고, 어떤 학생에게는 시시한 수준이 되는 것이죠. 거기에 입시는 짧은 시간에 많은 문제를 풀도록 하고 있습니다. 결국 누구도 즐길 수 없게 되는 것 같아요. 이래저래 과학 교육은 성공하기 참 어려운 과제로 여겨집니다. 한때 저는 물리올림피아드 교육을 꽤 오랫동안 진행해보았는데요, 처음 몇 년은 상당히 의욕적으로 했어요. 열심히 학생들을 가르쳤죠. 그 다음 몇 년은 그냥 했고, 그 다음 몇 년은 끌려다니며 했어요. 부모들이 물리올

림피아드를 좋은 대학에 자녀를 진학시키기 위한 방편으로 생각하더라고요. 그렇게 되니까 점점 하기가 싫어졌어요. 처음에는 학생들을 잘 교육시켜서 그들이 해외 무대에서 세계와 경쟁하는 경험을 하게끔 하고 싶었어요. 그런데 스펙을 만드는 것이 목적이 되니, 모든 좋은 시도들의 그 의미가 퇴색하더라고요. 솔직히 잘 모르겠어요. 입시가 있는 한 과학 교육은 답이 없는 게 아닌가 싶어요.

정재승 뜻하지 않게 비관적으로 이야기가 마무리가 되었네요. 어쨌거나 입시는 우리나라 교육이 지닌 문제의 핵심인 것 같습니다. 여기 학생들이 가장 궁금해하는 것 중의 하나는 물리학과를 졸업했을 때의 진로입니다. 냉정한 현실을 얘기해주시면 좋겠습니다. 물리학과를 졸업한 사람들은 어떻게 되나요?

이순칠 대학에 남아 물리학과를 계속 전공하는 학생도 있고, 국립 연구소와 기업체 연구소에 들어가는 경우도 많습니다. 삼성과 같은 기업에서는 물리학 박사가 몇백 명씩 있죠. 물리학과 학생들은 수식을 보면 그 수식에 따라 어떤 일이 일어난다는 것을, 물리학적 관점에서 잘 분석합니다. 그래서 경제학과나 경영학과 학생들보다 일을 더 빠르게 습득한다고 합니다. 이 덕분에 삼성종합기술원 말고도 삼성경제연구소 같은 데에 들어가기도 하죠. 여기저기서 물리학과 출신을 예전보다 더 높이 평가하는 것 같아요. 저는 일단 물리학과를 나오면 그 다음엔 어떤 것이든 할 수 있다고 얘기합니다. 전자나 재료, 기계처럼 아주 근접한 학문일 경우에는 말할 것도 없고요. 물리학을 전공한 다음 경제학을 전공하는 학생들도 많이 있습니다. 문과 학생들이 이과로 전과하는 것은 불가능하지만, 물리학을 전공한 학생들은 문과로 전과하는 게 상대적으로 쉬워요. 제 경우는 박사학위를 따고 나서, 어느 쪽의 직장을 구할까를 놓고 고민을 깊게 한 적이 있었습니다. 물리학과와 전자과를 놓고 고민을 했어요. 왜냐하면 다른 분야로 가면 돌아오기가 힘들거든요. 그런데 전자과 쪽에서 꼭 해보고 싶은 게 있었어요. 그러던 어느 날 빈 강의실에서 우연히 앉아 있었는데, 거기에 다음과 같은 격언이 적혀 있었어요. "해변의 모습을 잃어버릴 용기가 없으면 대양을 발견할 수도 없다." 아마 쪽배를 타고 바다에 나가 본 사람은 이 기분을 알 거예요. 작은 배를 타고 바다로 나갈 때 해안선이 안 보이면 갑자기 공포가 몰려오거든요. 그런데 그 공포를 극복할 수 없었다면, 이 지구가 평평한지 둥근지 알 수 없었을 거예요. 어른들이 나가지 말라, 하는 걸 무시하고 나가면 대부분 실패해요. 그런데 어른들의 말이 다 맞는 게 아니거든요. 10 분의 9는 실패하지만, 한 사람은 성공하죠. 가만히 있는 사람이 성공할 확률은 0이고요. 너무 크게 위험하지 않는 것이라면, 저는 여러분이 이 길

"어른들의 말이 다 맞는 게 아니거든요.
10 분의 9는 실패하지만, 한 사람은 성공하죠.
가만히 있는 사람이 성공할 확률은 0이고요.
너무 크게 위험하지 않는 것이라면,
저는 여러분이 이 길로 가는 게 옳겠다고
생각한 길을 선택하길 바라요.
안 가면 가능성이 0이니까요."

로 가는 게 옳겠다고 생각한 길을 선택하길 바라요. 안 가면 가능성이 0이니까요.

정재승 그렇다면 학생들이 자신의 길을 찾아갈 때 가장 중요하게 고려해야 하는 한 가지는 무엇일까요?

이순칠 진로를 선택할 때 또 한 가지 중요한 것은 자신의 소질이 무엇인지 아는 거예요. 그래야 즐기면서 할 수 있는 것이거든요. 여러분은 지금 옆 사람을 이기기 위해 공부하고 있습니다. 그런데 그것을 평생 할 수는 없어요. 평생 옆 사람을 이기기 위해 학문할 수는 없거든요. 학문은 자기 자신과의 싸움입니다. 그러면 자신이 어떤 소질을 갖고 있는지 아는 것이 쉬울까요? 그것도 어렵죠. 우리 학교 교수들에게 물어봐도, 다시 똑같은 전공을 선택하겠느냐고 물어보면 10~20%는 다시 한다고 하고, 나머지는 다시 안 한다고 하거든요. 이는 그만큼 자신의 소질을 아는 것이 어렵다는 것을 뜻하죠. 다른 것은 모르겠고, 물리학 분야의 경우 퀴즈 푸는 것을 좋아하는 사람은 물리학이 적성에 맞는 편이라고 할 수 있어요. 어릴 때는 아주 단순한 수수께끼를 풀다가, 좀 더 커서는 좀 어려운 수수께끼를 풀다가, 그 다음에는 인간이 만들어낸 수수께끼에는 따분함을 느끼고서는 자연의 수수께끼를 푸는 데 눈길을 돌리게 되는 거죠. 자연의 수수께끼를 푸는 게 훨씬 더 가치 있는 일이라는 생각이 드는 거예요.

옛날 고서를 보면 "사소한 것 갖고 흥미로워하는 사람은 소인배다."라고 하는 말이 있어요. 맞는 말 같기도 하고 아닌 것 같기도 해요. 그런데 조그마한 일을 가지고 이게 어떻게 된 것일까, 하고 따져보는 사람은 과학에는 맞는 것 같아요. 아주 작은 일부터 이건 왜 이럴까, 하고 궁금한 사람은 물리학이 적성에 맞을 거예요. 적성에도 맞고, 소질도 있고, 물리학이 재미있다고 생각하면 과감하게 물리학 쪽으로 오면 됩니다.

정재승 굉장히 좋은 말씀이네요. 성의 있게 진솔한 말씀을 해주셔서 이 자리가 더 유익했던 것 같습니다. 진심으로 감사드리고 경청해주신 모든 분들께 감사드립니다. 큰 박수로 마무리하겠습니다.

상상초월 **석학강연 02**

보이지 않는 것들의 물리학

1판 1쇄 2015년 6월 22일
1판 3쇄 2022년 1월 28일

지은이 이순칠
기획 정재승
펴낸이 김정순
편집 허영수 김소희 강상이
디자인 김수진 김진영 이혜령
일러스트 윤성중 전수교
강연 진행 KT&G 상상마당 양미숙 김수진
강연 사진 KT&G 상상마당
마케팅 이보민 양혜림 이다영

펴낸곳 (주)북하우스 퍼블리셔스
출판등록 1997년 9월 23일 제406-2003-055호
주소 04043 서울시 마포구 양화로 12길 16-9(서교동 북앤빌딩)

전자우편 henamu@hotmail.com
홈페이지 www.bookhouse.co.kr
전화번호 02-3144-3123
팩스 02-3144-3121

ISBN 978-89-5605-181-9 04400
978-89-5605-169-7 (세트)